インプレス R&D [NextPublishing] 　技術の泉 SERIES
E-Book / Print Book

簡単！ 多言語対応アプリをつくろう

はじめての Qt

浅野 一雄　著

C++もPythonでもコード変更なしで
多言語対応アプリケーション開発！

技術の泉 SERIES

目次

はじめに ……………………………………………………………………………… 4

サンプルコード ……………………………………………………………………… 4

注意 …………………………………………………………………………………… 4

免責事項 ……………………………………………………………………………… 4

表記関係について …………………………………………………………………… 5

底本について ………………………………………………………………………… 5

第1章　Qtとは ……………………………………………………………………… 7

1.1　Qtについて ……………………………………………………………………… 7

1.2　Qtで作成できる GUI フレームワークについて ……………………………… 7

第2章　Qtでの多言語化の概要 …………………………………………………… 9

2.1　多言語化の仕組みについて …………………………………………………… 9

2.2　lupdate の使い方 ……………………………………………………………… 10

2.3　lrelease の使い方 ……………………………………………………………… 11

2.4　lconvert の使い方 ……………………………………………………………… 12

2.5　翻訳ツール Qt Linguist の使い方 …………………………………………… 13

第3章　翻訳ファイルのプロジェクトファイルへの追加と使用方法 ………… 17

3.1　Qtプロジェクトファイルへ出力する翻訳ファイルの指定を追加………… 17

3.2　Qt Creatorからの翻訳ファイル（拡張子.ts）の作成・更新 ……………… 19

3.3　Qt翻訳バイナリファイル（.qm）をリソースファイルへ追加…………… 25

3.4　起動時に各環境に応じた多言語化を行う。………………………………… 31

第4章　Qt Linguist の使い方 …………………………………………………… 38

4.1　翻訳ファイルの読み込み ……………………………………………………… 38

4.2　Qt Linguistでの翻訳状況の表示 …………………………………………… 39

4.3　フレーズブックについて ……………………………………………………… 40

4.4　文字の翻訳 ……………………………………………………………………… 43

4.5　翻訳時の画面と該当箇所のコード表示 ……………………………………… 44

4.6　翻訳の検証 ……………………………………………………………………… 46

4.7　翻訳ファイルの保存 …………………………………………………………… 47

第5章　コード内の文字列の多言語化 ……………………………………………………50

　5.1　C++ Code内の文字列を多言語化 ………………………………………………50

　5.2　QML Code内の文字列を多言語化 ………………………………………………57

　5.3　Python Code内の文字列を多言語化 ……………………………………………61

第6章　動的な言語表示の切り替え ………………………………………………………64

　6.1　Qt Widgetsでの動的な言語表示切り替え ………………………………………64

　6.2　Qt Quickでの動的な言語表示切り替え …………………………………………73

第7章　翻訳ファイルの自動生成と翻訳対象文字列リテラルの自動補完機能 ……………83

　7.1　lrelease自動実行 …………………………………………………………………83

　7.2　lupdateの自動実行 ………………………………………………………………85

　7.3　Qt翻訳対象文字列の修飾 …………………………………………………………85

はじめに

　本書を手に取っていただき、ありがとうございます。

　趣味で作成したアプリケーションや、企業などで販売するアプリケーションをできるだけ多くの人に使ってもらいたいと考えた場合に、アプリケーションの多言語化に対応することが必要になってくると思います。

　本書では、クロスプラットフォームフレームワークであるQtを使用した多言語化に関する内容をまとめた一冊になっています。Qtの強みである、

・さまざまな言語を使用できる、ユニコードのサポート。

・ユーザーインターフェース画面の翻訳が簡単にできるTool。

・コード内の文字列を多言語化できる簡単な仕組み。

を中心に解説しています。

　本書が皆さんの開発の助けとなり、皆さんが作成するアプリケーションを世の中の多くの人に使用してもらう手助けになればと思っています。

　またQtを知らない方も、本書を読んでQtに興味を持って頂ければ幸いです。

サンプルコード

　本書のサンプルソースコードは、次のURLから取得することが可能です。

https://github.com/KazuoASANO/make_multilanguage_application_with_qt

注意

1. 本書は著者が独自に調査した結果を著述したものです。
2. できるかぎり内容に万全を期して作成しましたが、ご不審な点や誤り・記載漏れなどお気づきの点がありましたら、Twitterにて、ハッシュタグ#qtjpをつけてつぶやいてもらうと、ひょっとしたら著者が見る場合があります。しかしながらモノグサな著者の為、回答をすることは無いかもしれません。
3. 本書に記載されたURLやソフトウェアの内容は、将来予告なく変更される場合があります。

免責事項

　本書に記載する内容は筆者の所属する組織の公式見解ではありません。また、本書は可能な限り正確を期すように努めていますが、筆者がその内容を保証するものではありません。そのため、本書の記載内容に基づいた読者の行為、及び読者が被った損害について筆者はなんら責任を負うものではありません。

表記関係について

　本書に記載されている会社名、製品名などは、一般に各社の登録商標または商標、商品名です。会社名、製品名については、本文中ではc、R、?マークなどは表示していません。

底本について

　本書籍は、技術系同人誌即売会「技術書典」で頒布されたものを底本としています。

第1章　Qtとは

本章では、まず Qt について知り、 Qt の GUI 作成で使用される C++ と親和性の高い Qt Widgets と、アニメーション動作が簡単に作成できる Script ベースの Qt Quick の概要について紹介します。

多言語対応の前準備である、GUIアプリケーションの開発手法を理解していきましょう。

1.1　Qtについて

Qt (キュート) とは、クロスプラットフォームのアプリケーションフレームワークであり、**GUI (グラフィカルユーザーインターフェイス)** と、さまざまな機能を含んだライブラリを有するC++開発フレームワークです。また、**IDE (総合開発環境)** としてQt Creatorが用意されており、効率よく開発できる環境が用意されています。

継続的な機能Up／バグ修正が、積極的におこなわれているのも特徴で、約半年に1回のリリース周期で新しいバージョンが更新されています。現在のバージョンは、Qt 5.12.6がリリースされています[1]。

Qt 5.12の場合、**LTS (長期サポート版)**（Long Time Support）となっており、3年のサポートが適用されています。今使用するなら、Qt5.12.6LTSがお勧めとなっています。

C++で書かれているフレームワークであるものの、Ruby、Python、Perlなどから使用できるようにしたさまざまな言語バインディングのAPIがオープンソース等により提供されており、最近では、オフィシャルサポートとして、Pythonのバインディングである Qt for Python がリリースされています。

1.2　Qtで作成できる GUI フレームワークについて

Qtを使用したGUIを作成する場合、Qt Widgets と Qt Quick というふたつの開発手法があります。次にふたつの開発手法の違いを説明します（表1.1）。

表 1.1: GUI の開発手法

GUI 開発手法	UI 作成 Tool	記述言語	拡張子
Qt Widgets	Qt Designer	XML（ただし UI 作成 Tool が自動生成）	.ui
Qt Quick	Qt Quick Designer	QML	.qml

1.Qt 5.12.6 Released：https://www.qt.io/blog/qt-5.12.6-released

1.2.1 Qt Widgets について

昔からある Qt の開発手法であり、古典的なデスクトップスタイルを中心とした UI 要素のセットが提供されているモジュールです。[2]

C++ と Qt for Python の両方に非常に親和性が強く、Qt Creator の機能である Qt Designer で GUI が容易に作成できることが特徴となっています。

1.2.2 Qt Quick について

QML (Qt Meta-Object Language) 言語という、UI を記述するためのプログラミング言語を使って GUI を作成するモジュールです。QML 言語は CSS に似たシンタックスを持ち、宣言的な JSON 風の構文で UI を記述することができます。またロジックの記述には JavaScript を使うこともできます。

Android で使用されているマテリアルデザインのような、ビジュアル GUI を作成する UI 要素のセットが提供されており、ユーザー動作に対してアニメーション化された UI オブジェクトを簡単に作成することができます。[3]

どちらのモジュールについても、Qt Creator の機能であるデザインモードで GUI を作成することができます。また、Qt Widget の作成ツールである Qt Designer については、Python のパッケージ管理システムである **pip (Pip Installs Packages)** を使用して **PySide2 (Qt for Python のパッケージ名)** をインストールすることにより、"designer" という名称でインストールされます。

2.Qt Documentation - Qt Widgets :https://doc.qt.io/qt-5.11/qtwidgets-index.html

3.Qt Documentation - Qt Quick :https://doc.qt.io/qt-5.11/qtquick-index.html

第2章 Qtでの多言語化の概要

||||||||||||||||||||||||||||||||||||||||||||||||||||||||||||||||||||||||||||||||||||||||||||||||||||
Qtの特徴的な多言語化の仕組みを紹介し、コードベースで確認しながら翻訳作業ができるQt Linguistを含めたTool群について説明していきます。
||||||||||||||||||||||||||||||||||||||||||||||||||||||||||||||||||||||||||||||||||||||||||||||||||||

2.1 多言語化の仕組みについて

　継続してソフト開発をおこなうアプリケーションの場合、使用するフレームワークによっては、ユーザー側であらかじめ多言語化の仕組みをソフトウェアの作りとして入れ込むことが多いと思います。

Qtの場合は、あらかじめフレームワーク内に多言語化をおこなう仕組みが含まれており、
- ・ユーザーインターフェースを作成するUI作成ツールであるDesigner。
- ・ソースコードに翻訳されたTextを返すマクロ。

を使用することにより、継続した開発においても単純な手順で多言語化をおこなうことが可能な仕組みとなっています。またQt LinguistというToolも提供しており、コードを書けないユーザーであっても翻訳ができるようになっています。

Qtにおけるアプリケーションの翻訳フローを次に示します（図2.1）。

図2.1: Qtにおける翻訳フロー

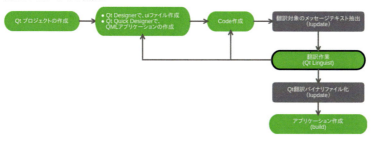

　これ以外にも、翻訳のために開発されたXMLベースのファイル形式XLIFFから、Qt用の翻訳ファイルに変換できるlconvertなどのツールが用意されています。
　Qt Linguistについては、翻訳をおこなう作業が発生する為、自動化することはできませんが、
- ・ソースコードから翻訳対象のメッセージテキストを抽出。
- ・翻訳ファイルをコンパイル済みQt翻訳バイナリファイル（.qm）に変換。

に関しては、プロジェクトファイルにあらかじめ登録することにより自動化することが可能となっ

ています。本章では、多言語化の作業で使用するさまざまなツールの説明をしていきます。

2.2　lupdateの使い方

lupdateは、ソースコードから翻訳対象のメッセージテキストを抽出し、翻訳ファイル（拡張子.ts）を作成するコマンドツールです。

プロジェクトファイル（拡張子.pro）を引数に指定することにより、プロジェクト内の対象となるファイルを一括して翻訳ファイル化できます。

また、すでに翻訳済みの翻訳ファイルがある場合には、翻訳箇所は上書きされず、新たに見つかったテキストを追加で出力する仕組みとなっています。この為、ソフトウェア開発の進行に影響を及ぼすことなく、何度も実行することが可能となっています。

2.2.1　C++言語またはC++とQML言語で使用するlupdateの使い方

本ツールは、Qtのインストールディレクトリ内の"bin"ディレクトリに格納されています。
基本的な使い方は以下の通りです。

```
$ lupdate ${qt_project_file}
```

${qt_project_file} :

・Qtプロジェクトファイル（.pro）

　　― （Qtプロジェクトファイルを指定する場合には、あらかじめTRANSLATIONSにて、翻訳ファイル（拡張子.ts）の指定が必要です。）

詳細なオプションについては、引数に"-help"を設定することにより閲覧可能です。

統合環境であるQt Creatorからはメニューバーの「ツール（T）」-「外部（E）」-「Linguist」-「翻訳を更新（lupdate）」により、手動でも実行可能となっています（図2.2）。

図2.2: Qt Creatorからのlupdateの使用

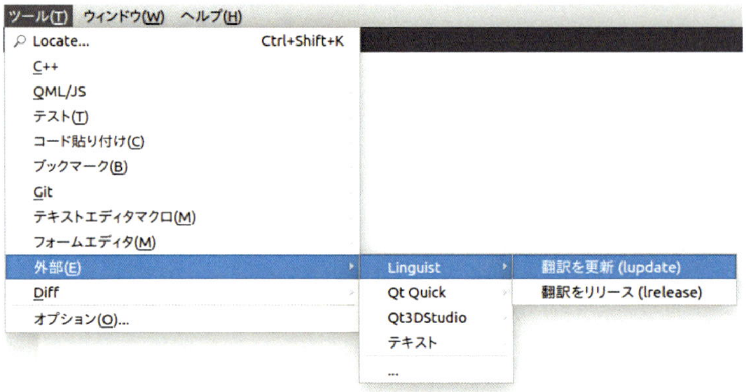

10　　第2章　Qtでの多言語化の概要

2.2.2 Python言語または PythonとQML言語で使用する pyside2-lupdate の使い方

本ツールは、pip経由でのQt for Pythonインストール時に取得されます。
基本的な使い方は以下の通りです。

```
$ pyside2-lupdate ${qt_project_file}
```

${qt_project_file}:
・Qt プロジェクトファイル（.pro）
 ― （Qt プロジェクトファイルを指定する場合には、あらかじめ TRANSLATIONS にて、翻訳ファイル（拡張子.ts）の指定が必要です。）
もしくは、

```
$ pyside2-lupdate ${qt_source_files}  -ts ${qt_ts_files}
```

${qt_source_files}:
・翻訳対象となる Python コード（.py）、ui ファイル（.ui）、QML ファイル（.qml）
 ―${qt_ts_files}: 作成する翻訳ファイル（拡張子.ts）を指定。
詳細なオプションは、引数に"-help"を設定することにより閲覧可能です。
一括で複数言語の翻訳ファイルが作成できる、Qt プロジェクトファイルでおこなうことをオススメします。通常、翻訳は複数の言語でおこなうことから、利便性がに優れることが理由です。
残念ながら、QML ファイルを Qt プロジェクトファイル経由で翻訳する場合には、現在の Qt5.12 では翻訳対象に含むことができない状態です。この為、"pyside2-lupdate" - "lupdate"の流れで翻訳ファイル（拡張子.ts）のアップデートをしてください。

2.3 lrelease の使い方

lupdate と同様、lrelease もコマンドツールです。翻訳ファイル（拡張子.ts）を変換し、翻訳済みメッセージテキストをアプリケーションで使用されるコンパクトなバイナリファイルとして生成します。変換後のファイルは qm ファイル（拡張子.qm）と呼ばれます。
プロジェクトファイル（拡張子.pro）を引数に指定することにより、プロジェクト内に登録されている翻訳ファイルを一括して qm ファイルに変換することが可能となっています。
本ツールも、Qt のインストールディレクトリ内の"bin"ディレクトリに格納されており、C++/Python両方の言語で共通して使用可能です。
基本的な使い方は以下の通りです。

```
$ lrelease ${qt_project_file}
```

${qt_project_file}：

- Qtプロジェクトファイル（.pro）
    — （Qtプロジェクトファイルを指定する場合には、あらかじめTRANSLATIONSにて、翻訳ファイル（拡張子.ts）の指定が必要です。）

詳細なオプションは、引数に"-help"を設定することにより閲覧可能です。

統合環境であるQt Creatorからはメニューバーの「ツール（T）」-「外部（E）」-「Linguist」-「翻訳をリリース（lrelease）」により、手動でも実行可能となっています（図2.3）。

図2.3: Qt Creatorからのlreleaseの使用

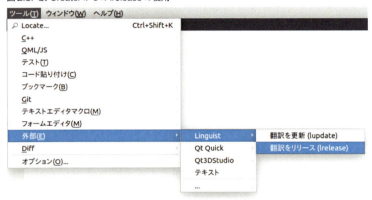

2.4 lconvertの使い方

lconvertも、同様のコマンドツールです。さまざまな翻訳ファイルを双方向にコンバートすることが可能です。また、本ツールに関してもC++/Python両方の言語で共通して使用できます。

Qt用の翻訳ファイルから、XMLベースの翻訳ファイルXLIFFへ変換することも可能となっています。

基本的な使い方は以下の通りです。

```
$ lconvert -i ${input_source_file} -o ${output_dist_file}
```

${input_source_file}：

- 変換元ファイル

${output_dist_file}：

- 変換後ファイル

変換できるフォーマットについては、次の表をご確認ください。（表2.1）。

表2.1: lconvert 変換可能フォーマット一覧

ファイル（拡張子）	変換元で使用可能	変換先で使用可能
Qt Designer フォーム（.ui）	○	
cpp ソース（.cpp）	○	
翻訳ファイル（拡張子.ts）	○	○
コンパイル済み Qt 翻訳バイナリファイル（.qm）	○	・
Qt Linguist フレーズブック（.qph）	○	○
XLIFF 翻訳ファイル（.xlf）	○	○
GNU GetText utilities ファイル（.po）	○	○

本来、Qtを使用するだけならば、本ツールを使用することはありませんが、

・古いQtのバージョンで使用していた翻訳ファイルをQt5で再使用する。

・他の翻訳ファイルを翻訳対応表として、Qt Linguistフレーズブックに変換する。

などの作業をおこなう場合には、lconvertが必要になります。

2.5 翻訳ツールQt Linguistの使い方

Qt Linguistは他のツールと違い、GUIツールとなっております。QtアプリケーションのText部分の翻訳を行うツールです。

こちらもC++/Python双方の言語で共通して使用可能です。翻訳ファイル（拡張子.ts）をまとめて引数に指定することにより、該当する各言語のファイルを一括して読み込むことが可能です。

2.5.1 Qt LinguistをQt Creatorから起動できるように設定する

本ツールは、Qtのインストールディレクトリ内の"bin"ディレクトリに格納されています。統合環境であるQt Creatorからは、残念ながら初期状態では起動できるショートカットが登録されていません。

この為、ここではQt Creatorから簡単に起動できるようにショートカットを作成していきましょう。

Qt Creatorのメニューバーの「ツール（T）」 - 「オプション（O）...」を開きます。ナビゲーション「環境」 - タブ「外部ツール」を選択します。

"Linguist"を選択して、"追加"ボタンから"ツールを追加"をクリックします（図2.4）。

図 2.4: Qt Linguist の登録

"Linguist"直下に"新しいツール"の項目が追加されるので、"翻訳（linguist）"の文字に置き換えます。追加したツールの設定は、次の表2.2のとおりになります（図2.5）。

表 2.2: 外部ツール Qt Linguist の設定

項目	設定内容
説明	ts ファイルを使用して翻訳します。
実行ファイル	%{CurrentProject:QT_INSTALL_BINS}/linguist
引数	%{CurrentProject:Path}/i18n/*.ts （本設定は、プロジェクトファイル直下の"i18n"ディレクトリ内の翻訳ファイル（拡張子.ts）を選択しています。個別に指定したい場合は、空白にしてください。）
作業ディレクトリ	%{CurrentProject:Path}
出力	出力ペインに表示
エラー出力	出力ペインに表示
環境変数	変更しません。
入力	（空白）

図 2.5: 外部ツール Qt Linguist の設定

設定ができたら、Qt Linguist が起動起動できるか確認してみましょう。統合環境である Qt Creator からはメニューバーの「ツール（T）」-「外部（E）」-「Linguist」-「翻訳（linguist）」により、実行できるようになります（図2.6）。

図 2.6: Qt Creator からの Qt Linguist の使用

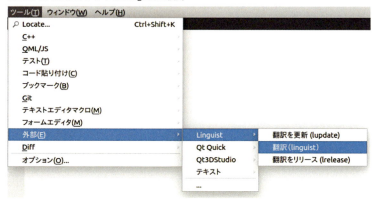

2.5.2 　Qt Linguist の Tool 説明

Qt Linguist は、次の画面構成となっています（図2.7）。

図2.7: Qt Linguist画面

[1] コンテキストビュー（Context）

翻訳ファイル（拡張子.ts）内に含まれる、翻訳対象の文字列が現れるClass名や、QMLのオブジェクト名のコンテキスト一覧。各コンテキストを選択することにより、翻訳文字列ビュー[2]へ、そのコンテキストに含まれる翻訳対象文字列が表示されます。

[2] 翻訳文字列ビュー（Strings）

翻訳ファイル（拡張子.ts）内に含まれる、翻訳可能な文字列を一覧表示。各文字列を選択し、ソーステキストビュー[4]で、翻訳をおこないます。

[3] ソースアンドコードビュー（Sources and forms）0

翻訳文字列ビュー[2]で選択された、翻訳対象文字列のGUIやコード上での出現箇所が表示されます。表示されるコンテンツは、次のとおりです。

- ・uiファイル - GUIの表示。
- ・c++/h/qmlファイル - 該当するコードの表示。

[4] ソーステキストビュー（[4] Source text）

各言語毎に翻訳する文字列を設定します。

[5] フレーズビュー（[5] Phrases and guesses）

翻訳文字列ビュー[2]で選択された文字列について、次の表示をします。このフレーズビューを活用することにより、翻訳の揺らぎを最小限に抑えることができます。

- ・Qt Linguistフレーズブック（.qph）にリストアップされたものから、推奨される翻訳文字列の表示。
- ・すでに翻訳を行った文字列で、似ているフレーズを表示。

[6] 警告ビュー（[6] Warnings）

翻訳した文字列が、検証テストに合格しなかった場合に警告が表示されます。ファイルメニューの「検証（A）」のリストから有効・無効設定が可能です。

第3章 翻訳ファイルのプロジェクトファイルへの追加と使用方法

||||||||||||||||||||||||||||||||||||||||||||||||||||||||||||||||||||||||||||||||||||||||||||||||||||||||||

本章では、どのようにプロジェクトに追加し、それがどういう流れでコードで使用できるかまでを解説することにより、翻訳ファイルの運用方法を理解していきましょう。

||||||||||||||||||||||||||||||||||||||||||||||||||||||||||||||||||||||||||||||||||||||||||||||||||||||||||

3.1 Qtプロジェクトファイルへ出力する翻訳ファイルの指定を追加

Qtプロジェクトファイルを指定して、lupdateでの翻訳ファイル（拡張子.ts）の作成やlreleaseを使用してのQt翻訳バイナリファイル（.qm）を作成するには、次のようにQtプロジェクトファイルにプロジェクトファイル専用の変数である"TRANSLATIONS"で、翻訳ファイル（拡張子.ts）を指定する必要があります（リスト3.1）。

リスト3.1: Qt Project での翻訳ファイル（拡張子.ts）の指定（TRANSLATIONS）

```
1: TRANSLATIONS = \
2:     $${TARGET}_en.ts \
3:     ・・・・
4:     $${TARGET}_ja.ts
```

翻訳ファイル（拡張子.ts）名は、慣習的に次のように指定します。

```
${アプリケーション名}_${言語}.ts
```

${アプリケーション名}：
アプリケーション名。Qtプロジェクトファイルでは、TARGETの変数にターゲット名が設定されます。アプリケーション作成の場合、このターゲット名がアプリケーションの実行ファイル名になります。

${言語}：
システムロケールの${言語_$|地域|}うち、言語を指定します。たとえば、ja_JPなら、"ja"

代表的なシステムロケールの言語を、以下の表にまとめておきます（表3.1）。

表3.1: 代表的なシステムロケール一覧

システムロケール	言語	システムロケール	言語
af	アフリカーンス語	ku	クルド語
ar	アラビア語	ky	キルギス語
as	アッサム語	lt	リトアニア語
az	アゼルバイジャン語	lv	ラトビア語
be	ベラルーシ語	mk	マケドニア語
bg	ブルガリア語	ml	マラヤーラム語
bn	ベンガル語	mr	マラーティー語
bs	ボスニア語	ms	マレー語
ca	カタロニア語	mt	マルタ語
cs	チェコ語	nb	ブークモール
da	デンマーク語	nl	オランダ語
de	ドイツ語	nn	ニーノシュク
el	ギリシャ語	or	オリヤー語
en	英語	pa	パンジャブ語
es	スペイン語	pl	ポーランド語
et	エストニア語	pt	ポルトガル語
fr	フランス語	pt	ポルトガル語
gu	グジャラート語	ro	ルーマニア語
he	ヘブライ語	ru	ロシア語
hi	ヒンズー語	sa	サンスクリット語
hr	クロアチア語	sk	スロバキア語
hu	ハンガリー語	sl	スロベニア語
hy	アルメニア語	sq	アルバニア語
id	インドネシア語	sr	セルビア語
is	アイスランド語	sv	スウェーデン語
it	イタリア語	ta	タミル語
ja	日本語	te	テルグ語
ka	グルジア語	th	タイ語
kk	カザフ語	tr	トルコ語
kn	カナラ語	uk	ウクライナ語
ko	韓国語	vi	ベトナム語
ks	カシミール語	zh	簡体字中国語

　良く使用される国名コードの標準ISO3166（日本なら"jp"）ではなく、BCP47のうちSimple language subtag（言語コードの2文字。日本語なら"ja"）を使用します。
この言語コードは、

```
QLocale::bcp47Name()
```

で取得可能です。

ソフトウェアの開発によっては、翻訳ファイル（拡張子.ts）が提供されlupdateでの翻訳ファイル（拡張子.ts）の作成をしない場合もできています。

この場合は、"TRANSLATIONS"ではなく、"EXTRA_TRANSLATIONS"で翻訳ファイル（拡張子.ts）を指定します。"EXTRA_TRANSLATIONS"で指定された場合には、lreleaseを使用して生成したQt翻訳バイナリファイル（.qm）のみ実行できるようになります（リスト3.2）。

リスト3.2: Qt Projectでの翻訳ファイル（拡張子.ts）の指定（EXTRA_TRANSLATIONS）

```
1:  EXTRA_TRANSLATIONS = \
2:      $${TARGET}_en.ts \
3:      ・・・・
4:      $${TARGET}_ja.ts
```

3.2 Qt Creatorからの翻訳ファイル（拡張子.ts）の作成・更新

「2.2 lupdateの使い方」で説明したように、翻訳ファイル（拡張子.ts）の作成・更新はQt Creatorのメニューからできるようになっています。lupdateが対象としているQtプロジェクトの変数は、次のとおりです（表3.2）。

表3.2: Qtプロジェクトのlupdateが対象とする変数

変数名	説明	入出力
SOURCES	ソースコード一覧	入力
HEADERS	ヘッダファイル一覧	入力
FORMS	uiファイル一覧	入力
TRANSLATIONS	翻訳ファイル一覧	出力

3.2.1 Qt Quickを使用したプロジェクトの場合

QtCreatorから、Qt Quick Applicationを作成する場合、QMLファイルをリソースファイルに含めた状態で初期プロジェクトが生成されます。このままlupdateを使用しても、QMLファイルを翻訳対象として認識してくれません。

SOURCES変数にQMLファイルを含めれば翻訳対象としてlupdateは認識してくれますが、SOURCES変数はC++ソースファイル用の為、コンパイル時にコンパイラーがC++ファイルと認識してしまいビルドエラーが発生してしまいます。

これを回避するため、コンパイルに影響がないように条件付きステートメントを使用してlupdateだけ認識できるようにプロジェクトファイルを修正します（リスト3.3）。

第3章 翻訳ファイルのプロジェクトファイルへの追加と使用方法 | 19

リスト3.3: 条件付きステートメントを使用したQMLファイルの登録

```
 1: ・・・・
 2: SOURCES += \
 3:     $$PWD/main.cpp
 4:
 5: RESOURCES += \
 6:     $$PWD/qml.qrc \
 7:     $$PWD/image.qrc
 8:
 9: TRANSLATIONS += \
10:     i18n/$${TARGET}_en.ts \
11:     i18n/$${TARGET}_de.ts \
12:     i18n/$${TARGET}_zh.ts \
13:     i18n/$${TARGET}_ja.ts
14:
15: # lupdate_only {} で囲み、その中に SOURCES 変数にて
16: # QMLファイルを登録します。lupdate_onlyの文字列は、Qtプロジェクト上で
17: # 定義していない為、真偽値が"偽"となりコンパイル時には使用されません。
18: #
19: # 次の例では、プロジェクトファイル内に、3つのQMLファイルを指定しています。
20: lupdate_only {
21:   SOURCES += \
22:     $$PWD/ui/Home.qml \
23:     $$PWD/ui/HomeForm.ui.qml \
24:     $$PWD/ui/main.qml
25: }
```

　次（リスト3.4）のように、ワイルドカードを使用した書き方のプロジェクトファイルを見かけますが、お勧めはできません。QMLファイルを追加する毎にQMLファイルを追加する必要はなくなりますが、lupdateではQMLファイルの特定ができず、Qt Linguistの"ソーステキストビュー"にQMLコードが表示されなくなるのが理由です。

リスト3.4:（非推奨な書き方）条件付きステートメントを使用したQMLファイルの登録

```
 1: ・・・・
 2: # ＜非推奨な書き方＞
 3: # lupdateにて、QMLファイルの特定ができず
 4: # Qt Linguistの「ソーステキストビュー」にQMLコードが表示されません。
 5: lupdate_only {
 6:   SOURCES += \
 7:     $$PWD/ui/*.qml
 8: }
```

3.2.2　Qt for Pythonでの運用方法

　Qt for Pythonを用いてコードを書く場合ですが、リリースから間もないことがネックになります。現在のQt Creatorで開発をおこなうには、Pythonコードの補完機能など十分な機能が整っていない状態です。この為、他のエディターでコーディングやデバックをおこなうのが効率的となっています。

　ただし翻訳ファイルの生成等では、Qt Creatorで使用されるQtプロジェクトファイル（.pro）を使用することで翻訳作業の利便性が向上できる仕組みになっているのため、活用したい機能となっています。ここでは、Qtプロジェクトファイルの登録の仕方と登録時の注意点について説明していきます。

QtプロジェクトファイルへのPythonファイルの追加

　まずはプロジェクトの作成からみていきます。

　Qt Creatorメニューバーの「ファイル（F）」-「ファイル/プロジェクトの新規作成（N）...」を開きます（図3.1）。

図3.1: プロジェクトの新規作成

テンプレート選択ダイアログが表示されるので、「アプリケーション」から

・Qt Widgetsの場合 - Qtウィジェットアプリケーション

・Qt Quickの場合 - Qt Quick Application のいずれか

を選択し、「選択...」を押します。今回はQtウィジェットアプリケーションを選びました（図3.2）。

図3.2: 新しいファイルまたはプロジェクト

次にプロジェクト名と作成場所を設定します。プロジェクト名の設定をおこなうと、設定名のディレクトリ直下に同名のQtプロジェクトファイル（.pro）が作成されます（図3.3）。

図3.3: プロジェクト名と作成場所の設定

何かしらを選択しないと「次へ（N）>」ボタンが有効になりません。Qt for Pythonを翻訳だけのために使用する場合、どれを選んでも特に問題ありません。翻訳ツールは各Qtバージョンのbinディレクトリから使用されますので、最新のものを選ぶのをお勧めします（図3.4）。

図3.4: キットの設定

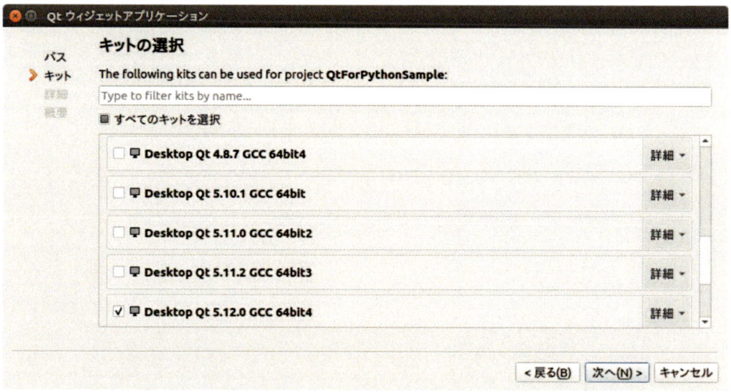

クラス情報画面の設定になりますが、今回は使用しませんので、そのまま「次へ（N）>」を押します（図3.5）。

図3.5: 詳細設定

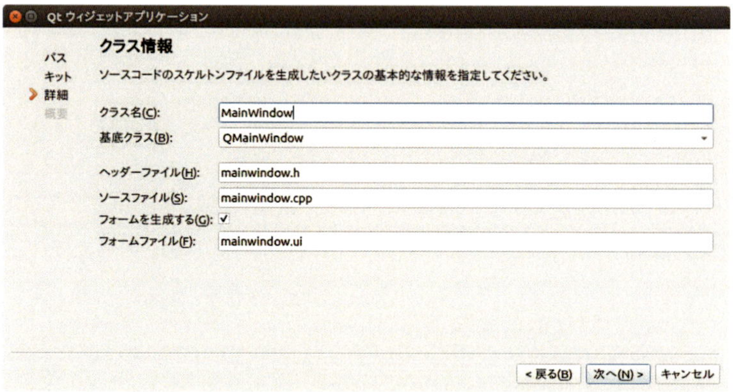

プロジェクトの管理画面で、使用するバージョン管理システムを選択します（図3.6）。本項目は、基本的に変更する必要はありません。

図3.6: プロジェクト管理

第3章　翻訳ファイルのプロジェクトファイルへの追加と使用方法　23

プロジェクト画面が開きます。サイドバーのプロジェクトからプロジェクトのTopディレクトを選択し、右クリックから、新規作成の「Add New...」もしくは「既存のファイルを追加...」のどちらかを選択して、Pythonコードファイルを追加します（図3.7）。

図3.7: Pythonコードファイルの追加

以上でプロジェクトの作成とPythonコードの追加は完了です。次にPythonコード登録の注意点を説明します。

Qtプロジェクトファイルへの Python ファイル登録の変更

　Qtプロジェクトファイル（.pro）の修正をおこないます。追加したPythonコードは、distターゲットに含めるファイルのリストを登録する"DISTFILES"に追加されています。

　「3.2 Qt Creatorからの翻訳ファイル（拡張子 .ts）の作成・更新」で説明したように、"DISTFILES"の変数は、lupdateが対象としている変数ではありませんので"SOURCES"へ変更をおこないます。

　また、翻訳時に必要な変数以外のものは削除しても問題ありません。最低限必要なものは
・TARGET
・SOURCES
・FORMS （uiファイルを使用の場合）
・条件付きステートメントを付与したSOURCES

（3.2.1 Qt Quickを使用したプロジェクトの場合　参照）
となります。

uiファイル使用時の翻訳ファイル（拡張子.ts）の作成について
　C++では、ビルド時に使用しているuiファイルをui_${uiファイル名}.hに変換する**uic (User Interface Compiler)**がコードビルド時に動作します。

　Qt for Pythonでも、同様にuiファイルをPythonコードに変換する"pyside2-uic"が提供されていま

す。翻訳ファイル（拡張子.ts）の作成は、uiファイルからでも"pyside2-uic"で出力したPythonコードのどちらでも可能ですが、uiファイルから翻訳ファイル（拡張子.ts）を作成する方が便利です。

これは、翻訳をおこなうQt Linguistでは、uiファイルを使用した場合に翻訳文字の箇所がGUI画面上で分かるためです。Pythonコードの場合は、翻訳対象となるコード部分がハイライトされるだけですので、翻訳時の視認性が悪くなります。
また、uiファイル、"pyside2-uic"で出力したPythonコードのどちらで翻訳ファイル（拡張子.ts）を作成しても、アプリケーション実行時には正常に翻訳されます。

qmlファイル使用時のプロジェクトファイルからの翻訳ファイル（拡張子.ts）の作成について
残念ながら、QMLファイルをQtプロジェクトファイル経由で翻訳する場合には、現在のQt5.12では翻訳対象に含むことができない状態です。この為、"pyside2-lupdate" - "lupdate"の流れで、翻訳ファイル（拡張子.ts）のアップデートをしてください。

3.3　Qt翻訳バイナリファイル（.qm）をリソースファイルへ追加

Qt Linguistで翻訳が終わったら、「2.3 lreleaseの使い方」で説明したように、Qt Creatorのメニューから Qt翻訳バイナリファイル（.qm）を取得します。
（Qt Linguistで翻訳方法については、次の章の「4章 Qt Linguist の使い方」で解説していきます。）
Qt翻訳バイナリファイル（.qm）のまま、アプリケーションのCodeから取得することは可能ですが、組み込み機器のアプリケーション等では、できる限り外部のファイルに依存せずアプリケーションを動かしたい場合があります。

こういったメンテナンスをしやすくする仕組みもQtには用意されており、Qt翻訳バイナリファイル（.qm）などのバイナリファイルを、アプリケーションの実行可能ファイルに格納できる仕組みであるQtリソースシステムという機能が提供されています。

この機能は、プラットフォームに依存しない仕組みとなっており、Qtのファイルアクセスとも親和性の強い仕組みともなっています。

3.3.1　リソースファイルのプロジェクトへの登録

Qt Creator上のサイドバーメニューにあるプロジェクトから、リソースファイルを追加するプロジェクトを選択し、右クリックメニューの「Add New...」を選択します（図3.8）。

第3章　翻訳ファイルのプロジェクトファイルへの追加と使用方法　｜　25

図3.8: リソースファイルの追加（Add New...）

　テンプレート選択ダイアログが表示されるので、
「ファイルとクラス」から"Qt"を選択し、右側のテンプレートから"Qt リソースファイル"を選択して、「OK」を押します（図3.9）。

図3.9: テンプレート選択

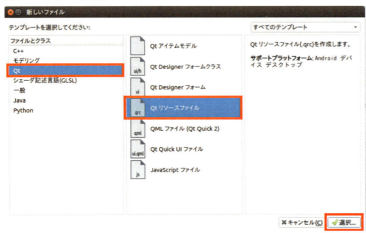

　Qtリソースファイルの作成画面にて、作成するリソースファイル名の名前を設定。任意で生成するディレクトリ場所を指定し「次へ（N）」を押します（図3.10）。

図3.10: リソースファイル名の設定

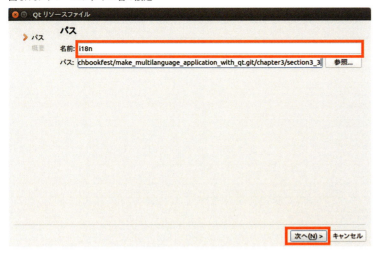

プロジェクトの管理画面にて、追加するプロジェクトと使用するバージョン管理システムを選択します（図3.11）。本項目は、基本的に変更する必要はありません。

図3.11: プロジェクト管理

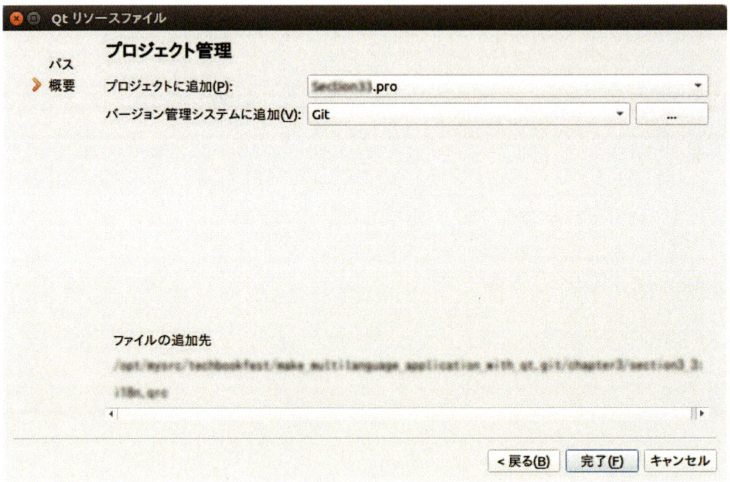

3.3.2　リソースファイルへの追加方法

作成が完了するとリソースの登録画面が表示されます。ここでは管理がしやすくなるように、翻訳ファイルにひとつのプレフィックスを付与します（リソースディレクトリにまとめます）。「追加」-「プレフィックスを追加」を選択します。
Qtの慣習的に、プレフィックス名は"i18n"とします（図3.12）。

図3.12: プレフィックスの追加

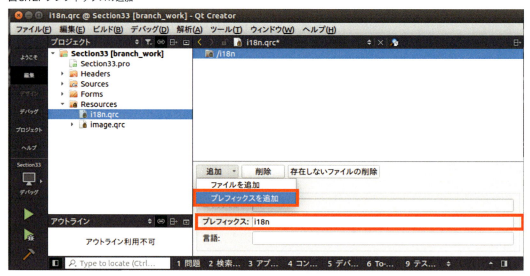

次に、Qt翻訳バイナリファイル（.qm）をリソースファイルに追加します。同じように「追加」-「ファイルを追加」を選択し、登録したいQt翻訳バイナリファイル（.qm）を全て追加します（図3.13）。

図3.13: Qt翻訳バイナリファイルの追加

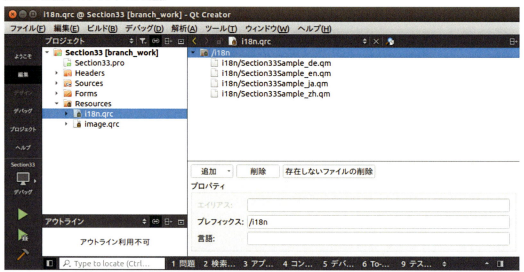

このまま登録を完了しても問題ありませんが、登録ファイルのディレクトリパスが長い場合はコード上で扱う時に冗長になる場合があります。リソースシステムは、エイリアスの設定を行うことにより、登録されたファイルをエイリアスで別名を設定してコード上から取得可能です（図3.14）。

図3.14: エイリアスの設定

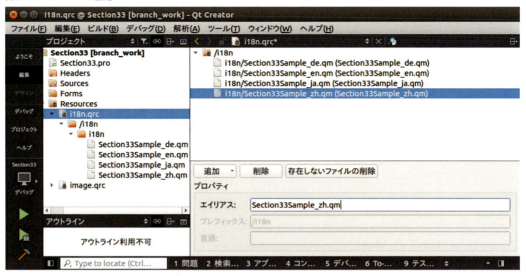

図3.14では、

・プレフィックス："i18n"

・登録ファイル："i18n/Section33Sample_de.qm"

となっていますので、エイリアスを設定しない場合にはコード上からアクセスのパスは次のようになります。

```
:/i18n/i18n/Section33Sample_de.qm
```

・ファイルのエイリアス："Section33Sample_de.qm"

とすることにより、

```
:/i18n/Section33Sample_de.qm
```

登録するファイルのパスに依存しない形でアクセスできるようになります。

3.3.3　Qt for Pythonでのリソースファイルの使用

　C++やQML言語を使用したアプリケーションの場合、Qtアプリケーションにリソースを埋め込むために**rcc (Resource Compiler)**がビルド時に使用されてます。

　これにより、Qtリソース（.qrc）ファイルで指定されたデータを、C++ソースファイルに変換しQtアプリケーションにリソースを含めることができます。

　Qt for Pythonでは、Python自体がスクリプト言語のため実行ファイルにリソースを含めることができません。この為、Qtリソースファイル（.qrc）をPythonコードに変換する"pyside2-rcc"が提供されています。

　本ツールは、pip経由でのQt for Pythonインストール時に取得されます。

基本的な使い方は以下の通りです。

```
$ pyside2-rcc ${qt_resource_file} -o ${Python_resource_file} -py2|-py3
```

${qt_resource_file} :
  ・変換元 Qt リソースファイル（.qrc）

${Python_resource_file} :
  ・変換先 Python リソースコード

-py2|-py3 :
  ・デフォルトでは、"-py3 "となっており、Python v3系のコードを出力します。Python v2系を使
    用している場合は、" -py2 "を設定してください。
詳細なオプションについては、引数に"-help"を設定することで閲覧可能です。

　作成したPythonコードでの、リソースファイルの使用方法を見ていきます。翻訳ファイルのリ
ソースファイルを次のコマンドで変換します。

```
pyside2-rcc qml.qrc -o qml_rc.py
```

Pythonでは、変換したPythonリソースコードをimportして使用します。
複数のPythonリソースコードをimportして使用しても問題なく区別できることから、非常に使い
やすい仕組みとなっています。

次に簡略したコードを示します。

リスト3.5: Qt for Python でのリソースファイルの使用方法

```
 1: import i18n_rc       # Qt翻訳バイナリファイル（.qm）が入ったリソースコードをimport
 2: import image_rc      # 画像もPython経由で変換したリソースコードをimportするだけ
 3: ・・・
 4:
 5:     # \brief UI初期表示
 6:     def ui_init(self):
 7:         ・・・
 8:         pixmap = QPixmap(':/apple.png')     # " :/ "でアクセス可能
 9:
10: ・・・
11:
12: def main():
```

```
13: ・・・
14:    translator = QTranslator()
15:    translator.load(':/i18n/QtForPythonSample_ja.qm') # " :/ "で可能
16: ・・・
```

3.4　起動時に各環境に応じた多言語化を行う。

　アプリケーションの起動時に実行する環境のロケールを確認して、該当するQt翻訳バイナリファイル（.qm）をQtリソースシステムから読み込む処理を作成していきましょう。
アプリケーションの翻訳をおこなうには、

- ・テキスト出力の国際化サポートを提供しているQTranslatorクラスにQt翻訳バイナリファイル（.qm）を読み込む。
- ・QCoreApplication::installTranslator（）へ読み込ませた、QTranslatorクラスを設定する。

となります。注意点として、設定を行うタイミングは、

- ・Qt Widgetsを使用したプロジェクトの場合

QApplicationクラスを生成後から、QMainWindowクラス等など継承したアプリケーションの画面を生成するクラスのインスタンス化する前。

- ・Qt Quickを使用したプロジェクトの場合

QApplicationクラスを生成後から、QQmlApplicationEngineクラス等を使用したQMLファイルのロードをする前。
となります。

　Qt Widgets、Qt Quickの各GUIのフレームワークを使用したC++、Python言語それぞれのサンプルを次に示しました。参考にしてください。

3.4.1　C++言語使用時の起動時の多言語化

Qt Widgets 起動時の多言語化

リスト3.6: C++版 Qt Widgets使用時の起動時での多言語化

```
1: #include "mainwindow.h"
2: #include <QApplication>
3: #include <QTranslator>    ///< 翻訳ファイルの設定で使用
4: #include <QLocale>        ///< ロケールの呼び出しで使用
5: #include <QDir>           ///< リソースファイルからのファイルサーチで使用
6:
7: int main (int argc, char *argv[])
8: {
9:   QApplication app(argc, argv);
```

第3章　翻訳ファイルのプロジェクトファイルへの追加と使用方法 | 31

```
10:    QTranslator translator;
11:
12:    /// Systemロケールの文字を取得（例：ja,zh）
13:    QString locale = QLocale::system().bcp47Name();
14:
15:    /*!
16:     * リソースファイルの :/i18nディレクトリから
17:     * 登録しているリソースファイルを抽出
18:     * (:/i18n/Section3SampleWidget_*.qm にマッチするファイルを抽出)
19:     */
20:    QDir qm_dir(":/i18n");
21:    QString serch_name = app.applicationName() + "_*.qm";
22:    QStringList list_qm_files = qm_dir.entryList(QStringList(serch_name));
23:    foreach(const QString &qm_file, list_qm_files) {
24:      /// Systemロケールと一致するQt翻訳バイナリファイル名との一致確認
25:      if (qm_file.lastIndexOf(locale + ".qm") != -1) {
26:        QString load_file = qm_dir.absolutePath() + QDir::separator() +
qm_file;
27:        /// QTranslatorクラスにQt翻訳バイナリファイルをセット
28:        if (translator.load(load_file)) {
29:          /// 翻訳バイナリファイルをアプリケーションに適用
30:          app.installTranslator(&translator);
31:        }
32:        break;
33:      }
34:    }
35:
36:    /*!
37:     * \attention : MainWindowクラスより前に翻訳バイナリファイルを
38:     *              アプリケーションに適用しないと翻訳化されません。
39:     */
40:    MainWindow w;
41:    w.show();
42:
43:    return app.exec();
44: }
```

Qt Quick 起動時の多言語化

リスト3.7: C++版 Qt Quick 使用時の起動時での多言語化

```cpp
 1: #include <QGuiApplication>
 2: #include <QTranslator>   ///< 翻訳ファイルの設定で使用
 3: #include <QLocale>         ///< ロケールの呼び出しで使用
 4: #include <QDir>             ///< リソースファイルからのファイルサーチで使用
 5: #include <QQmlApplicationEngine>
 6:
 7: int main(int argc, char *argv[])
 8: {
 9:    QCoreApplication::setAttribute(Qt::AA_EnableHighDpiScaling);
10:
11:    QGuiApplication app(argc, argv);
12:    QTranslator translator;
13:
14:    /// Systemロケールの文字を取得（例：ja,zh）
15:    QString locale = QLocale::system().bcp47Name();
16:
17:    /*!
18:     * リソースファイルの :/i18nディレクトリから
19:     * 登録しているリソースファイルを抽出
20:     * (:/i18n/Section3SampleWidget_*.qm にマッチするファイルを抽出)
21:     */
22:    QDir qm_dir(":/i18n");
23:    QString serch_name = app.applicationName() + "_*.qm";
24:    QStringList list_qm_files = qm_dir.entryList(QStringList(serch_name));
25:    foreach(const QString &qm_file, list_qm_files) {
26:      /// Systemロケールと一致するQt翻訳バイナリファイル名との一致確認
27:      if (qm_file.lastIndexOf(locale + ".qm") != -1) {
28:        QString load_file = qm_dir.absolutePath() + QDir::separator() +
qm_file;
29:        /// QTranslatorクラスにQt翻訳バイナリファイルをセット
30:        if (translator.load(load_file)) {
31:          /// 翻訳バイナリファイルをアプリケーションに適用
32:          app.installTranslator(&translator);
33:        }
34:        break;
35:      }
36:    }
37:
38:    /*!
39:     * \attention : QQmlApplicationEngine::loadより前に翻訳バイナリファイルを
```

第3章 翻訳ファイルのプロジェクトファイルへの追加と使用方法 | 33

```
40:    *                  アプリケーションに適用しないと翻訳化されません。
41:    */
42:    QQmlApplicationEngine engine;
43:    engine.load(QUrl(QStringLiteral("qrc:/ui/main.qml")));
44:    if (engine.rootObjects().isEmpty())
45:      return -1;
46:
47:    return app.exec();
48: }
```

3.4.2　Python言語使用時の起動時の多言語化

Qt Widgets 起動時の多言語化

リスト3.8: Python版 Qt Widgets 使用時の起動時での多言語化

```python
 1: import sys
 2: import i18n_rc
 3: from PySide2.QtUiTools import QUiLoader
 4: from PySide2.QtWidgets import QApplication
 5: from PySide2.QtCore import QObject, QFile, QLocale, QDir, QTranslator
 6: ・・・
 7: def main():
 8:     app = QApplication(sys.argv)
 9:     app.setApplicationName('Section33Sample')
10:
11:     """ Systemロケールの文字を取得（例：ja, zh）
12:         \note
13:         良く使用される国名コードの標準ISO3166(日本なら"jp")ではなく、
14:         BCP47のうちSimple language subtag(言語コードの2文字。日本語なら "ja")
15:         を取得します。
16:     """
17:     locale = QLocale.system().bcp47Name()
18:
19:     """
20:     リソースファイルの :/i18nディレクトリから
21:     登録しているリソースファイルを抽出
22:     (:/i18n/Section33Sample_${ロケール}.qm に完全一致するファイルを抽出)
23:     """
24:     qm_dir = QDir(':/i18n')
25:     search_name = app.applicationName() + '_' + locale + '.qm'
26:     list_search = []
27:     list_search.append(search_name)
```

34 　第3章　翻訳ファイルのプロジェクトファイルへの追加と使用方法

```
28:    list_qm_files = qm_dir.entryList(list_searchs)
29:    for qm_file in list_qm_files:
30:        load_file = qm_dir.absolutePath() + QDir.separator() + qm_file
31:        # QTranslatorクラスにQt翻訳バイナリファイルをセット
32:        translator = QTranslator()
33:        if translator.load(load_file):
34:            # 翻訳バイナリファイルをアプリケーションに適用
35:          app.installTranslator(translator)
36:        break
37:
38:    w = MainWindow('ui/mainwindow.ui')
39:    w.ui.show()
40:
41:    ret = app.exec_()
42:    sys.exit(ret)
43:
44:
45: if __name__ == '__main__':
46:    main()
```

Qt Quick 起動時の多言語化
リスト 3.9: Python 版 Qt Quick 使用時の起動時での多言語化

```
 1: import os
 2: import sys
 3: import qml_rc
 4: import image_rc
 5: import i18n_rc
 6: from PySide2.QtWidgets import QApplication
 7: from PySide2.QtQml import QQmlApplicationEngine
 8: from PySide2.QtCore import QLocale, QDir, QTranslator, QUrl
 9:
10:
11: def main():
12:    """ 環境変数に Qt Quick Controls 2 のコンフィグファイル設定 を追加する
13:     環境変数 QT_QUICK_CONTROLS_CONF に対して、本 Code と同じ
14:     ディレクトリにある qtquickcontrols2.conf
15:     ( Qt Quick Controls 2 の Configuration File ファイル)
16:     を設定
17:    """
18:    os.environ["QT_QUICK_CONTROLS_CONF"] = "../qtquickcontrols2.conf"
19:
```

第3章　翻訳ファイルのプロジェクトファイルへの追加と使用方法　35

```python
20:     app = QApplication([])
21:     app.setApplicationName('Chapter3PythonQtQuickSample')
22:
23:     """ Systemロケールの文字を取得 (例：ja, zh)
24:         \note
25:         良く使用される国名コードの標準ISO3166(日本なら"jp")ではなく、
26:         BCP47のうちSimple language subtag(言語コードの2文字。日本語なら "ja")
27:         を取得します。
28:     """
29:     locale = QLocale.system().bcp47Name()
30:
31:     """
32:     リソースファイルの :/i18nディレクトリから
33:     登録しているリソースファイルを抽出
34:     (:/i18n/Chapter3QtQuickSample_*.qm にマッチするファイルを抽出)
35:     """
36:     qm_dir = QDir(':/i18n')
37:     search_name = app.applicationName() + '_' + locale + '.qm'
38:     list_search = []
39:     list_search.append(search_name)
40:     list_qm_files = qm_dir.entryList(list_search)
41:     for qm_file in list_qm_files:
42:         load_file = qm_dir.absolutePath() + QDir.separator() + qm_file
43:         # QTranslatorクラスにQt翻訳バイナリファイルをセット
44:         translator = QTranslator()
45:         if translator.load(load_file):
46:             # 翻訳バイナリファイルをアプリケーションに適用
47:             app.installTranslator(translator)
48:             break
49:
50:     engine = QQmlApplicationEngine()
51:
52:     url = QUrl('qrc:/ui/main.qml')
53:     # QML ファイルのロード
54:     engine.load(url)
55:     # ルートオブジェクトのリストが見つからない場合は
56:     # 起動できないため、終了する
57:     if not engine.rootObjects():
58:         sys.exit(-1)
59:
60:     ret = app.exec_()
```

```
61:        sys.exit(ret)
62:
63:
64: if __name__ == '__main__':
65:     main()
```

第4章　Qt Linguistの使い方

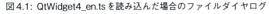

本章では、Qt Linguistの使い方を説明していきます。Qt Linguistは、翻訳ファイルを使用したアプリケーションの翻訳ソフトでC++言語、QML言語、Qt for Pythonの共通で使用できる強力なツールです。
Qtのツールは簡単に使えるようになっており、また知っていると便利な機能が数多くあります。ここではそういった機能を中心に紹介していきます。

4.1　翻訳ファイルの読み込み

　新しいプロジェクトを作成後、"i18n"ディレクトリへ翻訳ファイル（拡張子.ts）を作成するように設定した場合、「2.5.1 Qt Linguist を Qt Creator から起動できるように設定する」の設定をしておけば、Qt Creatorから起動することで、自動でプロジェクトの翻訳ファイル（拡張子.ts）を読み込むことができます。

　Qt Linguistから直接読み込む場合には、翻訳ファイル（拡張子.ts）をQt Linguistへドラックアンドドロップをおこなうか、メニューバーの「ファイル（F）」-「開く（O）...」から開くことが可能です。

　特定の翻訳ファイル（拡張子.ts）を読み込んだ状態でメニューバーから開くと、すでに開いている翻訳ファイルの
　　"${プレフィックス}_*.ts"ファイル
のファイルのみを選択して開くことが可能となっています（図4.1）。

図4.1: QtWidget4_en.tsを読み込んだ場合のファイルダイヤログ

4.2 Qt Linguistでの翻訳状況の表示

Qt Linguistのコンテキストビューならびに、ソーステキストビューには、開いた各言語毎に翻訳の状況が表示されます。

次の（図4.2）では4ヶ国語の翻訳ファイル（拡張子.ts）を開いてた状態の為、4列の状態が表示されています。それぞれの項目や、アイコンについて説明していきます。

図 4.2: 4ヶ国語の翻訳ファイルを開いた状態

- [1] コンテキストビューのアイコンは、対象となるClass名や、QMLのオブジェクト名のコンテキスト一覧内の翻訳状態を示しています。

各アイコンの状態は次のとおりです（表4.1）。

表 4.1: コンテキストビューのアイコン

アイコン	翻訳状態	詳細
？（黄色）	未翻訳状態のものあり	翻訳がされていない状態のものがあるか、翻訳完了済みとして状態設定されていない。
レ（黄色）	翻訳完了（警告あり）	全て翻訳完了済みとして状態設定されているが、警告内容を直していない翻訳がある。
レ（緑色）	翻訳完了（警告なし）	全て翻訳完了済みとして状態設定されており、警告もなし。
！（赤色）	警告あり	全て翻訳完了済みとして状態設定されておらず、警告が残っているものがある。
？（灰色）	翻訳対象が含まれていない	翻訳された文字があるが、その翻訳文字を含んだテキストがない状態のものがあります。（コード変更によって失った）

・**[2] 対象となるClass名や、QMLのオブジェクト名での翻訳完了テキスト数 / 翻訳対象のテキスト数を表示しています。**

翻訳完了テキスト数は、読み込んだ全ての言語にて翻訳が完了したもののみカウントされるので、どのくらい全ての言語で翻訳が進んでいるかを知ることができます。

・**[3] 各翻訳対象テキストに対する翻訳状態を示しています。**

各アイコンの状態は次のとおりです（表4.2）。

表4.2: 翻訳文字列ビューのアイコン

アイコン	翻 訳 状 態	詳細
？（緑色）	翻訳されていません	翻訳されていません。アイコンをクリックすることによりトグル動作し、 翻訳完了/翻訳なし となります。
？（黄色）	翻訳完了（未承認）	翻訳された状態ではあるが、翻訳完了済みとして承認されていません。アイコンをクリックすることによりトグル動作し、 翻訳完了（承認）/翻訳完了（未承認） となります。また、ソーステキストビュー内の翻訳文字のテキストエディット上で"Ctrl + Enter"により「翻訳完了（承認）」状態にすることができます。
レ（黄色）	翻訳完了（警告あり）	翻訳完了済みとして承認されている状態ですが、警告内容を直していない翻訳内容となっています。アイコンをクリックすることによりトグル動作し、 翻訳完了（警告あり）/警告あり となります。
レ（緑色）	翻訳完了（警告なし）	全て翻訳完了済みとして状態設定されており、警告もない状態です。文字列の翻訳を行わず翻訳完了済みとして承認してもこの状態になります。アイコンをクリックすることによりトグル動作し、 翻訳完了（承認）/翻訳完了（未承認）もしくは翻訳なし となります。
！（赤色）	警告あり	翻訳されていますが、警告が残っている状態です。アイコンをクリックすることによりトグル動作し、 翻訳完了（警告あり）/警告あり となります。
？（灰色）	翻訳対象が含まれていない	翻訳された文字があるが、その翻訳文字を含んだテキストがない状態です。 （コード変更によって失った）

4.3 フレーズブックについて

Qt Linguistフレーズブック（拡張子：.qph）とは、あらかじめ
・原文
・訳文
の組み合わせをもつ、翻訳のフレーズを集めたファイルとなっています。
翻訳のゆらぎを防ぐため翻訳時に使用することを意図しており、Qt Linguistにて使用をすれば、
・フレーズブックを使用した一括翻訳

・フレーズビューへ、フレーズブック内の推奨される翻訳文字列の表示
・フレーズブック内のフレーズと一致性が異なる場合、警告を警告ビューへ表示
などの機能が使用でき、翻訳のゆらぎを最小限にすることが可能となっています。

図 4.3: フレーズブック使用時の フレーズビューと警告ビュー

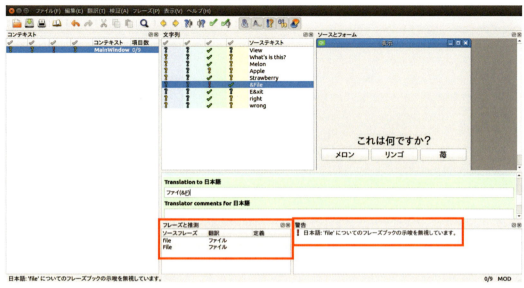

4.3.1　フレーズブックの追加

フレーズブックはユーザーが作成していくものですが、Qt のソースコード内にも提供されています。
ここでは、Qt 側で提供されているフレーズブックを Qt Linguist に追加してみましょう。Qt で提供されているフレーズブックは、次のパスに含まれています。

```
${Qtインストール ソースコードパス}/qttools/src/linguist/phrasebooks
```

Qt Linguist のメニューバーの「フレーズ (P)」 - 「フレーズブックを開く (O) ...」から追加することが可能です (図4.4)。

図 4.4: フレーズブックの追加

第 4 章　Qt Linguist の使い方　41

4.3.2　フレーズブックを使用した一括翻訳

　Qt Linguistの機能として、フレーズブックに登録されているフレーズを使用した一括翻訳の機能があります。フレーズブックを読み込んだ状態で、ソースアンドコードビューから翻訳対象となる言語の箇所をクリックします。

その後、Qt Linguistのメニューバーの「編集（E）」-「'*'の一括翻訳（B）...」にて一括翻訳が可能となります。（図4.5）。

（'*'には、翻訳を行う翻訳ファイル名が表示されます。）

図4.5: フレーズブックを使用した一括翻訳

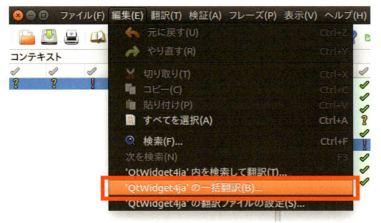

　一括翻訳のダイアログが表示されるので、必要に応じてオプションを選択。また一括翻訳に使用するフレーズブックを選択します（図4.6）。各オプションについては、次の表を参照してください（表4.3）。

表4.3: 一括翻訳オプション

オプション	説明
翻訳された項目を完了にする	フレーズが一致する文字列を翻訳し、翻訳状態を"翻訳完了（警告なし）にします。
訳語がある項目を再度翻訳する	翻訳完了（未承認）状態のものでも、フレーズが一致する文字列を上書き翻訳します。
完了している項目も翻訳する	翻訳完了（承認済）状態のものでも、フレーズが一致する文字列を上書き翻訳します。

図 4.6: フレーズブックを使用した一括翻訳（ダイヤログ）

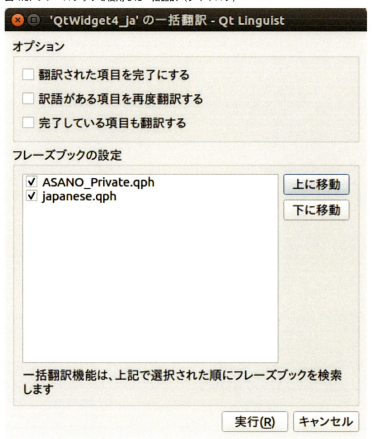

4.4 文字の翻訳

　Qt Linguistのソーステキストビューにて翻訳文字を入力していきます。複数言語の翻訳ファイル（拡張子.ts）を開いた場合には、各翻訳対象文字に対して各言語毎に一括して入力できるようになっています。

　このような機能があることから、複数言語の翻訳ファイル（拡張子.ts）一括してQt Linguistで開いてから、翻訳を進めていくと効率的です（図4.7）。

図4.7: ソーステキストビューの複数言語翻訳

4.5　翻訳時の画面と該当箇所のコード表示

Qt Linguistでは、翻訳文字列ビューで選択された翻訳対象文字が、GUIもしくはコード箇所を
ソースアンドコードビューにて表示できます。この機能により、翻訳対象がどのGUIの表示箇所な
のか。また、該当コード箇所が分かるようになっており翻訳間違いが起こりにくくになっています。
uiファイルやコードの表示がどのようにされるか見ていきましょう。

4.5.1　uiファイル（Qt Widget系）のソースアンドコードビュー

Qt Linguistのソーステキストビューにて、各言語の翻訳を行う際に、それぞれの言語にてGUI表
示がされます。翻訳該当箇所をUIにて灰色でハイライト表示され、どの箇所を翻訳するか分かりや
すく表示しています。例として、日本語・中国語での翻訳選択された場合の画面を次に表示します
（図4.8、図4.9）。

図4.8: 日本語でのuiファイル ソーステキストビュー

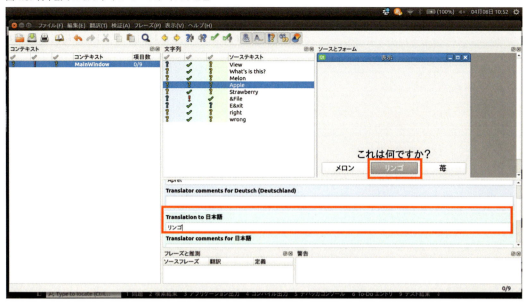

図4.9: 中国語でのuiファイル ソーステキストビュー

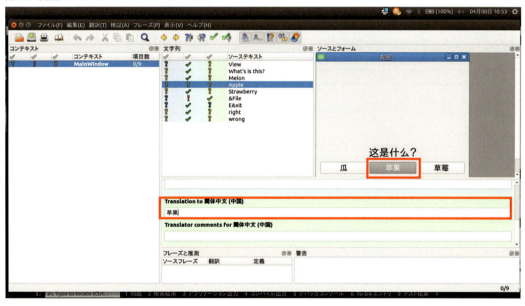

4.5.2　c++/h/ファイル、qmlファイル（Qt Quick系）、Pythonファイルのソースアンドコードビューソースコードにて翻訳対象の文字を設定している場合には、該当コードの箇所がハイライト表示されます（図4.10）。

Qt Quick系で使用されるqmlファイルについては、残念ながらuiファイルのようにGUI表示でのハイライト表示はされません（図4.11）。今後の機能改善でGUI表示されるようになるかもしれませ

んが、現状ではコード表示になってしまうので注意が必要です。

図 4.10: Code 部位の ソーステキストビュー

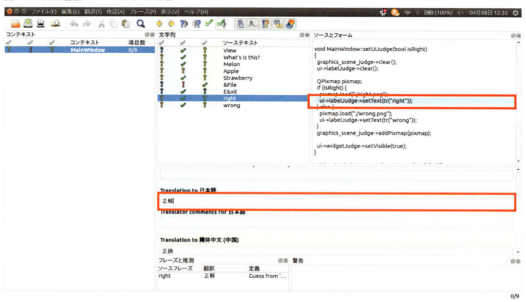

図 4.11: qml ファイル ソーステキストビュー

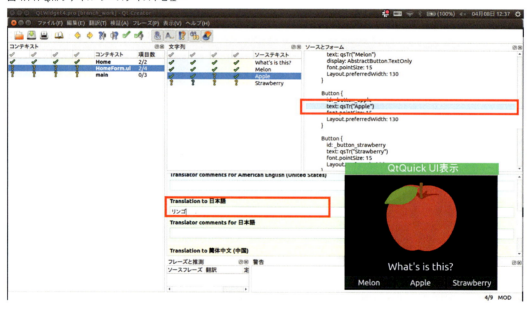

4.6 翻訳の検証

Qt Linguist では、翻訳文字に対してのチェック機能を持っています。
このチェック機能は、Qt Linguist のメニューバーの「検証（A）」にて機能の有効/無効の設定が可

能となります。（図 4.12）。

図 4.12: 翻訳の検証機能 有効/無効 設定

検証のそれぞれの機能は、次のようになっています（表 4.4）。。

表 4.4: 翻訳検証機能

オプション	説明
アクセラレータの確認	翻訳対象文字列に、"&"を使用したアクセラレータ(ニーモニックショートカット) 設定がされている場合、翻訳時に設定していない場合は警告表示をおこないます。
Surrounding Whitespace	翻訳した文字列に対して、文字列の前後に空白がある場合に警告表示をおこないます。
末尾の句読点	翻訳対処末尾文字に、"！"、"？"がある場合に、翻訳文字に末尾文字が設定されていない場合に警告表示をおこないます。
フレーズの一致	フレーズブックに登録されている文字以外の翻訳をおこなった場合に警告表示をおこないます。
"%"の数や数字の一致	%n（tr()マクロにて第三引数を使用する場合）数のチェックをおこないます。一致性がない場合に警告表示をおこないます。

　アクセラレータ（ニーモニック ショートカット）[1]設定を翻訳対象におこなう場合には、例のようにおこないます。

例）　&File ファイル（&F）

4.7　翻訳ファイルの保存

　Qt Linguistでは、修正した翻訳ファイル（拡張子.ts）の保存機能のほかに、Qt翻訳バイナリファイル（.qm）を出力できる機能を持っています。

Qt Linguistのメニューバーの「ファイル（F）」-「全てリリース（R）」もしくは、個別出力の場合は「'＊'をリリース」にてlreleaseのコマンドを使用した場合と同じファイル出力がおこなえます。（図 4.13）。

（'＊'には、翻訳を行う翻訳ファイル名が表示されます。）

---

[1]. たとえば、"& File"とした場合は、Alt＋F のキーボードショートカットキーが有効になります。https://doc.qt.io/Qt-5/qshortcut.html#details

図4.13: 翻訳ファイルからQt翻訳バイナリファイルを作成

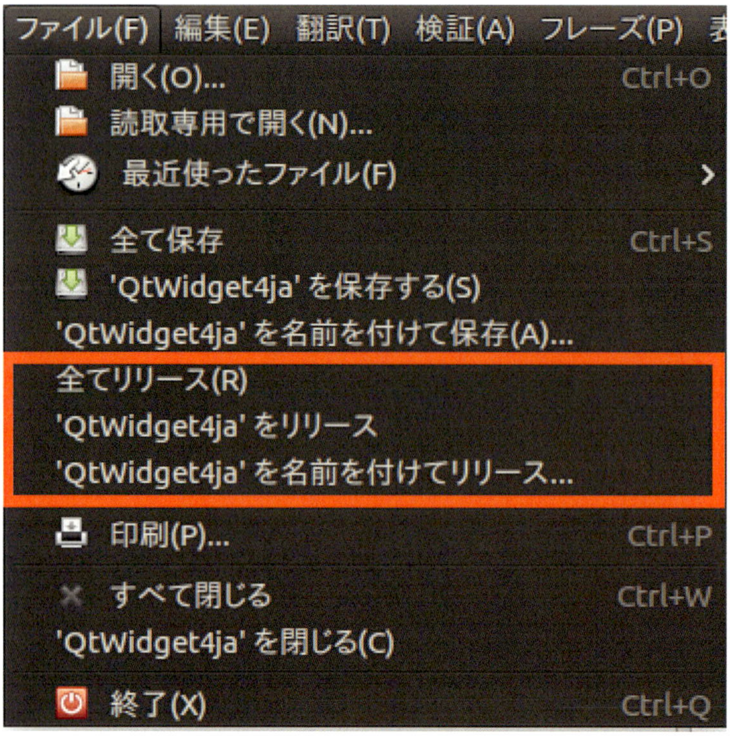

ファイル(F)	編集(E) 翻訳(T) 検証(A) フレーズ(P) 表

開く(O)...   Ctrl+O
読取専用で開く(N)...
最近使ったファイル(F) >

全て保存   Ctrl+S
'QtWidget4ja' を保存する(S)
'QtWidget4ja' を名前を付けて保存(A)...

全てリリース(R)
'QtWidget4ja' をリリース
'QtWidget4ja' を名前を付けてリリース...

印刷(P)...   Ctrl+P

すべて閉じる   Ctrl+W
'QtWidget4ja' を閉じる(C)

終了(X)   Ctrl+Q

第5章　コード内の文字列の多言語化

||||||||||||||||||||||||||||||||||||||||||||||||||||||||||||||||||||||||||||||||||||||||||||||||||||||||||||||||||||||||
ソフトウェア上から静的、もしくは動的に文字を変更する必要が出てくる場面があります。

そのような場合でも、QtではGUIと同じ手順で翻訳をおこなうことが可能です。本章では、事前に翻訳アプリが処理できるように、翻訳コンテキストとして認識させるさまざまな手法について説明していきます。
||||||||||||||||||||||||||||||||||||||||||||||||||||||||||||||||||||||||||||||||||||||||||||||||||||||||||||||||||||||||

5.1　C++ Code内の文字列を多言語化

5.1.1　QObjectクラスを継承内での翻訳対象文字列の設定

QObjectサブクラス内のCode上で、引用符で囲まれたテキストを翻訳対象に含める場合には、次の関数を使用して翻訳対象として識別する必要があります。

```
static QString QObject::tr(const char *sourceText,
                          const char *disambiguation = nullptr, int n = -1)
```

sourceText ：
翻訳対象文字列の識別
disambiguation ：
Qt Linguistの翻訳対象文字列のコメント
n ：
整数引数（翻訳対象文字列内に"% n"を付与することにより、設定された変数値を文字列にします。）
詳細は、「5.1.4 可変値を使用した文字列の翻訳について」で解説します。

特に翻訳対象として含めたい場合には、第2、3引数を指定せず、翻訳対象文字列を指定するだけで問題ありません（リスト5.1）。

リスト5.1: tr()の一般的な使用方法
```
QLabel::setText(tr("Apple"));
```

第2引数に文字列を設定することにより、Qt Linguistのソーステキストビュー内の開発者のコメントに設定した文字列が表示されます（リスト5.2、図5.1）。

リスト 5.2: tr() の第 2 引数の文字列設定例

```
1:    QLabel::setText(tr("Apple", "この文字は、すべて英語で表現してください。"));
```

図 5.1: tr() の第 2 引数の文字列設定例での Qt Linguist のソーステキストビュー表示

ソーステキスト

Apple

開発者のコメント

この文字は、すべて英語で表現してください。

Translation to Deutsch (Deutschland)

Apple

Translator comments for Deutsch (Deutschland)

5.1.2　QObject サブクラスの外側での翻訳対象文字列の設定

QObject サブクラス外の Code 上で、引用符で囲まれたテキストを翻訳対象に含める場合には、いくつかの方法があります。

QCoreApplication::translate() の使用
次の関数を使用して翻訳対象として識別させることができます。

```
static QString QCoreApplication::translate(const char *context,
            const char *sourceText, const char *disambiguation = nullptr,
                    int n = -1)
```

context ：
通常使用しているクラス名の文字列を設定
sourceText ：
翻訳対象文字列
disambiguation ：
Qt Linguist の翻訳対象文字列のコメント
n ：
整数引数（翻訳対象文字列内に "% n" を付与することにより、設定された変数値を文字列にします。）
詳細は、「5.1.4 可変値を使用した文字列の翻訳について」で解説します。

第 5 章　コード内の文字列の多言語化　　51

QtGlobal QT_TR_NOOP() と QT_TRANSLATE_NOOP() の使用

　マクロとなっており、単にlupdate ツールによる抽出のためにテキストをマークするだけの用途で使用します。

qblobal.h内にて定義されており

```
#define QT_TR_NOOP(sourceText) sourceText
#define QT_TRANSLATE_NOOP(context, sourceText) sourceText
#define QT_TRANSLATE_NOOP3(context, sourceText, disambiguation) \
                                    {sourceText, disambiguation}
```

context ：
通常使用しているクラス名の文字列を設定

sourceText ：
翻訳対象文字列

disambiguation ：
Qt Linguistの翻訳対象文字列のコメント

となっています。次にそれぞれの使用例を示します（リスト5.3、リスト5.4、リスト5.5）。

リスト5.3: QT_TR_NOOP使用例

```
 1: QString FriendlyConversation::greeting(int type)
 2: {
 3:     static const char *greeting_strings[] = {
 4:         QT_TR_NOOP("Hello"),
 5:         QT_TR_NOOP("Goodbye")
 6:     };
 7:     return tr(greeting_strings[type]);
 8: }
```

リスト5.4: QT_TRANSLATE_NOOP使用例

```
 1: static const char *greeting_strings[] = {
 2:     QT_TRANSLATE_NOOP("FriendlyConversation", "Hello"),
 3:     QT_TRANSLATE_NOOP("FriendlyConversation", "Goodbye")
 4: };
 5:
 6: QString FriendlyConversation::greeting(int type)
 7: {
 8:     return tr(greeting_strings[type]);
 9: }
10:
```

```
11: QString global_greeting(int type)
12: {
13:     return QCoreApplication::translate("FriendlyConversation",
14:                                       greeting_strings[type]);
15: }
```

リスト5.5: QT_TRANSLATE_NOOP3使用例

```
 1: static const char *greeting_strings[] = {
 2:     QT_TRANSLATE_NOOP3("FriendlyConversation", "Hello",
 3:                        "Helloは翻訳しません。"),
 4:     QT_TRANSLATE_NOOP3("FriendlyConversation", "Goodbye", "")
 5: };
 6:
 7: QString FriendlyConversation::greeting(int type)
 8: {
 9:     return tr(greeting_strings[type]);
10: }
11:
12: QString global_greeting(int type)
13: {
14:     return QCoreApplication::translate("FriendlyConversation",
15:                                       greeting_strings[type]);
16: }
```

QCoreApplication::translate() とQObject::tr() の関係について

　実際に、Qt library内のCodeを確認し、どのような関係性になっているか調べてみました。
QtCore/qobjectdefs.h にて、

```
#ifndef QT_NO_TRANSLATION
// full set of tr functions
#  define QT_TR_FUNCTIONS \
    static inline QString tr(const char *s, const char *c = nullptr,
                             int n = -1) \
        { return staticMetaObject.tr(s, c, n); } \
    . . .
#else
// inherit the ones from QObject
#  define QT_TR_FUNCTIONS
#endif
```

として定義されています。

第5章　コード内の文字列の多言語化　53

staticMetaObject は、

```
static const QMetaObject staticMetaObjectと
```

となっており、QMetaObjectクラス内を見てみると

```
QString QMetaObject::tr(const char *s, const char *c, int n) const
{
    return QCoreApplication::translate(objectClassName(this), s, c, n);
}
```

となっています。最終的にはQObject::tr()でも、QCoreApplication::translate()を呼び出しています。

5.1.3　QObjectクラスを継承しないクラスでの翻訳対象文字列の設定

　QObjectを継承しないクラスで使用される場合には、翻訳文字列があることを知らせる必要があります。

　この場合には、qcoreapplication.hで提供されている
Q_DECLARE_TR_FUNCTIONS()マクロを使用することにより、翻訳機能を有効を有効にできます。

　また、本マクロを追加することにより、tr()関数が定義したクラスにも提供されます。
次にマクロの内容を示します（リスト5.6)。

リスト5.6: Q_DECLARE_TR_FUNCTIONSマクロ

```
#define Q_DECLARE_TR_FUNCTIONS(context) \
public: \
    static inline QString tr(const char *sourceText, \
                        const char *disambiguation = nullptr, int n = -1) \
        { return QCoreApplication::translate(#context, \
                                        sourceText, disambiguation, n); } \
    QT_DECLARE_DEPRECATED_TR_FUNCTIONS(context) \
private:
```

5.1.4　可変値を使用した文字列の翻訳について

　「5.1.1 QObject クラスを継承内での翻訳対象文字列の設定」で説明をしたように、tr()関数の第3引数に設定することにより対応が可能です。整数引数を第3引数に渡すことにより、翻訳対象文字列内の"%n"の箇所に、指定された値の10進の数字文字列として置き換えられます。また、各言語の規則に複数形の文字に対応することも可能となっています。次にサンプルと、サンプル出力例を示します（リスト5.7、表5.1)。

54　　第5章　コード内の文字列の多言語化

リスト5.7: tr() での %n を使用したサンプル例

```
1:    int n = messages.count();
2:    showMessage(tr("%n message(s) saved", "", n));
```

表5.1: サンプルコードでの文字列出力例

%nへの設定値	翻訳されない場合	英語での翻訳	フランス語での翻訳
0	"0 message(s) saved"	"0 messages saved"	"0 message sauvegardé"
1	"1 message(s) saved"	"1 message saved"	"1 message sauvegardé"
2	"2 message(s) saved"	"2 messages saved"	"2 messages sauvegardés"
10	"10 message(s) saved"	"10 messages saved"	"10 messages sauvegardés"

複数形の判定は、対象となる言語によって異なり次の表に準拠しています（表5.2）。

表5.2: 各言語における複数形判定

言語	条件1	条件2	条件3
日本語	該当なし	該当なし	該当なし
英語	n == 1	それ以外	該当なし
フランス語	n < 2	それ以外	該当なし
チェコ語	n % 100 == 1	n % 100 >= 2 && n % 100 <= 4	それ以外
アイルランド語	n == 1	n == 2	それ以外
ラトビア語	n % 10 == 1&& n % 100 != 11	n != 0	それ以外
リトアニア語	n % 10 == 1&& n % 100 != 11	n % 100 != 12 && n % 10 == 2	それ以外
マケドニア語	n % 10 == 1	n % 10 == 2	それ以外
ポーランド語	n == 1	n % 10 >= 2 && n % 10 <= 4 && (n % 100 < 10 ‖ n % 100 > 20)	それ以外
ルーマニア語	n == 1	n == 0‖ (n % 100 >= 1 && n % 100 <= 20)	それ以外
ロシア語	n % 10 == 1&& n % 100 != 11	n % 10 >= 2 && n % 10 <= 4 && (n % 100 < 10 ‖ n % 100 > 20)	それ以外
スロバキア語	n == 1	n >= 2 && n <= 4	それ以外

　これ以外にも、複数の可変値を使用する場合には、arg()を使用することにより対応可能となっています。次のサンプルでは、"done"の変数を"%1"へ、"total"の変数を"%2"へ、"currentFile"の変数を"%3"に設定しています（リスト5.8）。

リスト5.8: tr() で複数arg() を使用したサンプル例

```
1: void FileCopier::showProgress(int done, int total,
2:                     const QString &currentFile)
3: {
4:     label.setText(tr("%1 of %2 files copied.\nCopying: %3")
5:                 .arg(done)
```

```
6:                    .arg(total)
7:                    .arg(currentFile));
8: }
```

5.1.5 コメント行の Qt Linguist への表示

　QObject::tr() の第2引数、もしくは QCoreApplication::translate() の第3引数である"disambiguation"に Qt Linguist の翻訳対象文字列のコメントを付与することができますが、Code 内に翻訳内容についてのコメントを追加すると、コードが冗長になる場合があります。

　この場合、各翻訳対象の呼び出しに次の形式のコメントを付与することにより、Qt Linguist での翻訳内容についてのコメント追加することができます。これらのコメント行は lupdate にて、ソースファイルを処理する時に抽出されます。

```
/*: ... */
```

もしくは、

```
//: ...
```

　それぞれの形式のコメントをコードに追加した場合の、Qt Linguist での翻訳内容についての出力例を示します（リスト5.9、図5.2、リスト5.10、図5.3）。

リスト5.9: /*: */ コメント使用例
```
1:      /*: 日本語では、"モモ"と書くより"桃"と書いたほうが一般的です。　*/
2:      ui->labelJudge->setText(QCoreApplication::translate("FruitsClass",
"Peach"));
```

図5.2: /*: */ コメント時の Qt Linguist のソーステキストビュー表示

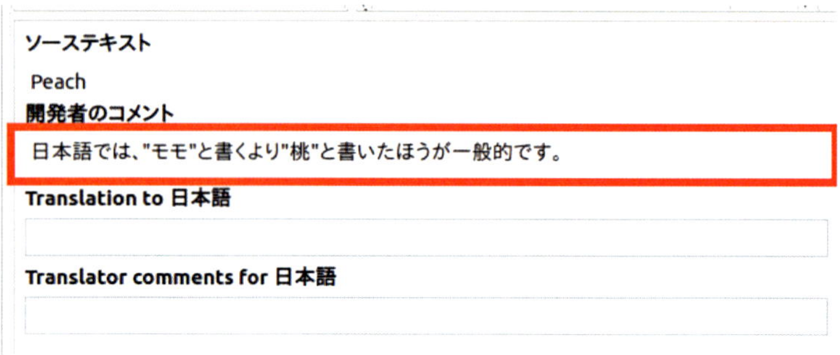

ソーステキスト
Peach
開発者のコメント
日本語では、"モモ"と書くより"桃"と書いたほうが一般的です。
Translation to 日本語

Translator comments for 日本語

56 ｜ 第5章　コード内の文字列の多言語化

リスト5.10: //: コメント使用例

```
1:     //: 日本語では、"林檎"と書くより"リンゴ"と書いたほうが一般的です。
2:     ui->FruitsName->setText(tr("Apple"));
```

図5.3: //: コメント時の Qt Linguist のソーステキストビュー表示

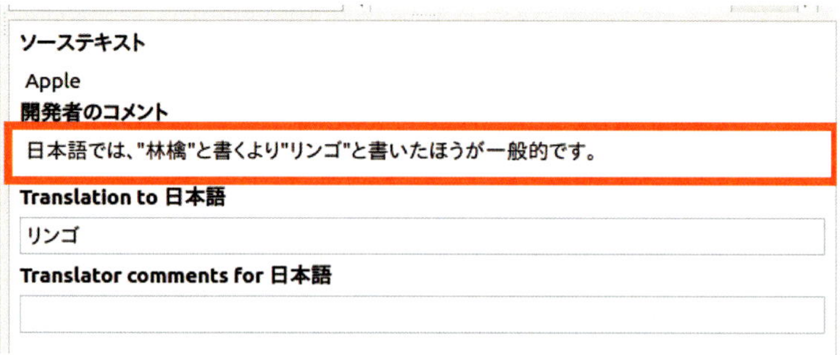

ソーステキスト

Apple

開発者のコメント

日本語では、"林檎"と書くより"リンゴ"と書いたほうが一般的です。

Translation to 日本語

リンゴ

Translator comments for 日本語

5.2　QML Code内の文字列を多言語化

5.2.1　翻訳対象文字列の識別

QMLでも、QObject::tr()と同じ機能としてqsTr()、qsTranslate()関数が用意されており、翻訳対象として識別することができます（リスト5.11）。

リスト5.11: qsTr() の使用例

```
1: Text {
2:     id: _fruits_name;
3:     text: qsTr("Apple");
4: }
```

これ以外にも、QML固有の設定として同一の文字を区別して、Qt Linguistの翻訳リストに追加することもできるようになっています。

通常、同一の文字がQMLファイルに内に複数存在する場合、同じ文字列は同一の翻訳文字として解釈されます。場合によっては文字列は同一ですが、異なる翻訳をしたい場合があります。

qsTr()関数の2番目の引数としてidテキストを追加することにより、同一のテキストを区別できます（リスト5.12）。また、この2番目の引数はQt Linguistの翻訳対象文字列のコメントにも付与されます（図5.4、図5.5）。

リスト5.12: qsTr() 同一文字の区別

```
1: Button {
2:     id: _button_apple
3:     text: qsTr("Apple")
4:     font.pointSize: 15
```

第5章　コード内の文字列の多言語化 | 57

```
 5:     Layout.preferredWidth: 130
 6: }
 7: Label {
 8:     id: _fruits_name_english;
 9:     text: qsTr("Apple","NO TRANSLATION");
10: }
```

図 5.4: 同一文字の Apple ひとつ目

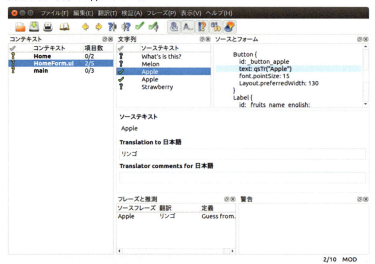

図 5.5: 同一文字の Apple ふたつ目

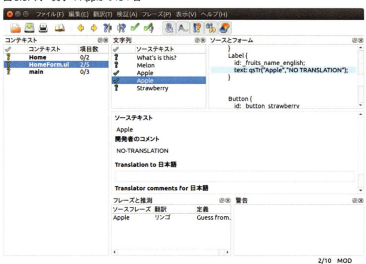

5.2.2 コメント行のQt Linguistへの表示

QMLの場合、qsTr()の引数として、Qt Linguistの翻訳対象文字列のコメントを付与することができません。前述したように、第2引数は同一文字の区別として使用されてしまう為です。

このようなことから、Qt Linguistの翻訳対象文字列のコメントを付与するには、コード内に次の翻訳内容についてのコメントを追加することによりQt Linguistの翻訳対象文字列のコメントを付与することができます。

また、QML固有のパラメータとして"//~ "により、オプションの追加情報を付与することも可能となっています。しかしながら、翻訳ファイル（拡張子.ts）のXML内には"extra-*"として定義されるものの、Qt Linguistでは対応できておらず表示をおこなうことができません。この機能は、今後のアップデートでQt Linguistの方に追加されていくと思われます。

また注意点として、 "//: Comment ここはオプションの追加情報 " は、.tsファイル内で"<extra-Comment> ここはオプションの追加情報 " に変換されます。

```
＜翻訳対象文字列のコメント＞
/*: ... */
もしくは、
//: ...
＜オプションの追加情報＞
//~ ...


（かならず、"%* "、"//: "、"//~ " とスペースを付与してください。
 スペースを付与していないと翻訳対象文字列/オプションの追加情報として認識されません。）
```

それぞれの形式のコメントをコードに追加した場合の、Qt Linguistでの翻訳内容についての出力例を示します（リスト5.13、図5.6、図5.7、図5.8）。

リスト5.13: qsTr() 同一文字の区別

```
 1: Button {
 2:     id: _button_apple
 3:     // Qt Linguistの翻訳対象文字列のコメントです
 4:     //: 日本語では、"林檎"と書くより"リンゴ"と書いたほうが一般的です。
 5:     //~ Comment ここはオプションの追加情報
 6:     text: qsTr("Apple")
 7:     font.pointSize: 15
 8:     Layout.preferredWidth: 130
 9: }
10: Button {
11:     id: _button_strawberry
12:     /* Qt Linguistの翻訳対象文字列のコメントです */
13:     /*: 日本語では、"苺"と書くより"イチゴ"と書いたほうが一般的です。 */
```

第5章　コード内の文字列の多言語化　59

```
14:        /*~ Comment ここはオプションの追加情報 */
15:        text: qsTr("Strawberry")
16:        font.pointSize: 15
17:        Layout.preferredWidth: 130
18: }
```

図5.6: コメントタイプ "//"

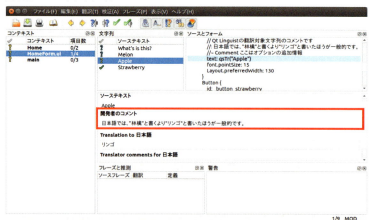

図5.7: コメントタイプ "/* */"

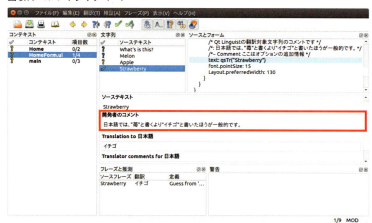

図5.8: 翻訳tsファイルのXML

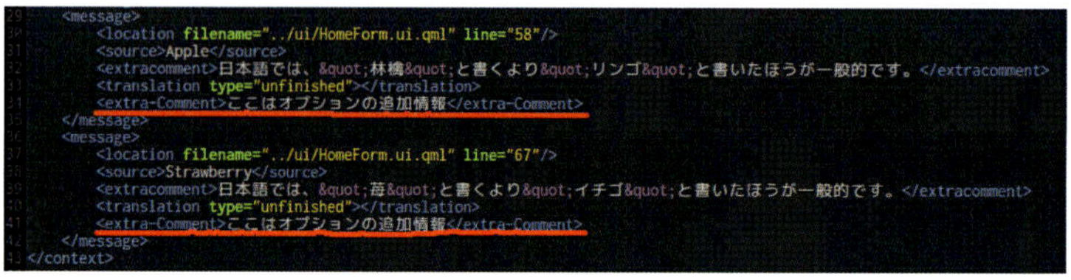

5.2.3 可変値を使用した文字列の翻訳について

複数の可変値を使用する場合として、QMLでもarg()を使用することにより対応可能となっています。次のサンプルでは、"done"の変数を"%1"へ、"total"の変数を"%2"へ、"currentFile"の変数を"%3"に設定しています（リスト5.14）。

リスト5.14: qsTr()で複数arg()を使用したサンプル例

```
1: Text {
2:     text: qsTr("%1 of %2 files copied.\nCopying: %3").arg(done)
3:                             .arg(total).arg(currentFile)
4: }
```

また、%1..nの代わりに、%L1..nを使用することにより、ローカライズされた値を入れることが可能となっています。たとえば次のサンプルでは%L1は現在選択されているロケールの数値フォーマット規則でフォーマットされます。total は英語では、"4321.56"となり、ドイツ語では、"4.321,56"となります（リスト5.15）。

リスト5.15: qsTr()での%Lnを使用したローカライズ サンプル例

```
1: Text {
2:     text: qsTr("%L1").arg(total)
3: }
```

5.3　Python Code内の文字列を多言語化

Qt for Pythonは、C++言語をPythonでバインディングしていることから、"5.1 C++ Code 内の文字列を多言語化" で説明をおこなった内容はPythonでも対応可能となっています。

本節では、よく使用するQObject クラスを継承内／外での翻訳対象文字列の設定についてのみ説明します。

5.3.1　QObject クラスを継承内での翻訳対象文字列の設定

QObjectサブクラス内のCode上で、引用符で囲まれたテキストを翻訳対象に含める場合には、次の関数を使用して翻訳対象として識別する必要があります。

```
PySide2.QtCore.QObject.tr(arg__1 [, arg__2=None [, arg__3=-1] ] )
```

arg__1：
str 翻訳対象文字列
arg__2：
str Qt Linguistの翻訳対象文字列のコメント

arg__3：

int 整数引数（翻訳対象文字列内に"%n"を付与することにより、設定された変数値を文字列にします。）

　文字列を翻訳対象として含めたいだけの場合には、第2、3引数を指定せず、翻訳対象文字列を指定するだけで問題ありません（リスト5.16）。

リスト5.16: tr()の一般的な使用方法

```
self.ui.qlabel.setText( self.tr('Apple'))
```

　第2引数に文字列を設定することにより、Qt Linguistのソーステキストビュー内の開発者のコメントに設定した文字列が表示されます（リスト5.17）。

リスト5.17: tr()の第2引数 文字列設定例

```
1:    self.ui.qlabel.setText( self.tr('Apple', 'すべて英語で表現してください。'))
```

　第3引数に整数引数を設定することにより、翻訳対象文字列内の"%n"の箇所に指定された値を10進の数字文字列として置き換えられます（リスト5.18）。

リスト5.18: tr()の第2引数 %nを使用した文字列設定例

```
1:    count = messages.count()
2:    showMessage( tr('%n message(s) saved', '', count) )
```

5.3.2　QObject サブクラスの外側での翻訳対象文字列の設定

　QObjectサブクラス外のCode上で、引用符で囲まれたテキストを翻訳対象に含める場合には、次の関数を使用して翻訳対象として識別する必要があります。

```
static PySide2.QtCore.QCoreApplication.translate(
                arg__1, arg__2 [, arg__3=None [, arg_4=-1] ] )
```

arg__1：

str 通常使用しているクラス名の文字列を設定

arg__2：

str 翻訳対象文字列

arg__3：

str Qt Linguistの翻訳対象文字列のコメント

arg__4：

int 整数引数（翻訳対象文字列内に"%n"を付与することにより、設定された変数値を文字列にします。）

arg__2〜4が、PySide2.QtCore.QObject.tr（）のarg__1〜3に相当する箇所となります。arg_1の「通常使用しているクラス名の文字列」の設定は、Qt Linguistのコンテキストビューの一覧に表示される名称を設定します。クラス毎に設定しておくことにより、翻訳時のメンテナンス性が向上します。

第6章　動的な言語表示の切り替え

近年のアプリケーションや組み込み機器では、ユーザーが動的に表示言語を切り替えることができます。マルチプラットフォームであるQtでも、簡単な処理を追加することにより、動的な表示言語の切り替えが可能となっています。本章では、この仕組みを紹介していきます。

6.1　Qt Widgetsでの動的な言語表示切り替え

前章の「3.4 起動時に各環境に応じた多言語化を行う」でおこなった処理は、起動時に言語を変更するのみでしたが、Qtは、アプリケーションが実行中の状態でも動的にGUIの翻訳をすることが可能な仕組みを提供しています。

動的に翻訳する流れは、次のフローとなっています（図6.1）。

図6.1: QWidgetにおける動的翻訳フロー

冒頭に説明した、「サンプルコード」内のコードを使用して動的翻訳の流れをみていきましょう。次のGUIのアプリケーションを使用します。

図 6.2: QWidget サンプル画面

このアプリケーションは、GUI中央にある絵を見て、中央の画像と同じ種類のフルーツ名のボタンを押すことにより、"正解"・"不正解"の表示を行なう簡単なアプリとなっています。

図 6.3: QWidget サンプル正解・不正解 画面

また、右上のコンボボックスの言語切り替えによって、動的にGUIの翻訳をおこないます。

図 6.4: QWidget サンプル 言語の切り替え

6.1.1 Qt Widgets画面の処理について

　下部のボタンは、Qtのシグナル/スロットの機能を使用して、ボタンのクリックスロット内に"正解"・"不正解"の表示を行なうView表示の関数を設定しています（リスト6.1、リスト6.2）。

リスト6.1: ボタンクリックスロット関数（C++の場合）

```
 1: /*!
 2:  * \brief MainWindow::on_pushButtonMelon_clicked メロンボタンクリック[slot]
 3:  */
 4: void MainWindow::on_pushButtonMelon_clicked()
 5: {
 6:   setUiJudge(false);    ///< 不正解表示
 7: }
 8:
 9: /*!
10:  * \brief MainWindow::on_pushButtonApple_clicked リンゴボタンクリック[slot]
11:  */
12: void MainWindow::on_pushButtonApple_clicked()
13: {
14:   setUiJudge(true);     ///< 正解表示
15: }
16:
17: /*!
18:  * \brief MainWindow::on_pushButtonStrawbery_clicked イチゴボタンクリック[slot]
19:  */
20: void MainWindow::on_pushButtonStrawbery_clicked()
21: {
```

```
22:    setUiJudge(false);    ///< 不正解表示
23: }
```

リスト6.2: ボタンクリックスロット関数（Pythonの場合）

```
 1:    # \brief Melonボタン クリック処理 [slot]
 2:    def push_button_melon_clicked(self):
 3:        self.setUiJudge(False)    # 不正解表示
 4:
 5:    # \brief Appleボタン クリック処理 [slot]
 6:    def push_button_apple_clicked(self):
 7:        self.setUiJudge(True)     # 正解表示
 8:
 9:    # \brief Strawberryボタン クリック処理 [slot]
10:    def push_button_strawberry_clicked(self):
11:        self.setUiJudge(False)    # 不正解表示
```

setUiJudge() 関数は、次の処理となっています。ソースコード上にて文字列を設定している為、動的に翻訳を行なう場合には、翻訳時に再度設定を行なう必要ができてきます。

この為、クラスメンバーの bool MainWindow::is_judge に正解・不正解の判定を設定する処理と再翻訳時に読み取る仕組みをいれています。

翻訳時に再度実行できるように、本関数の引数にて、クラスメンバーの bool MainWindow::is_judge を再設定できるようにしています（リスト6.3、リスト6.4）。

リスト6.3: 正解/不正解表示処理（C++の場合）

```
 1: /*!
 2:  * \brief MainWindow::setUiJudge クイズ 正解/不正解 表示
 3:  * \param[in] isRight true:正解 / false : 不正解
 4:  */
 5: void MainWindow::setUiJudge(bool isRight)
 6: {
 7:    is_judge = isRight; ///< クラスメンバー(is_judge)に判定booleanをセット
 8:    graphics_scene_judge->clear();  ///< ○/×画像をクリア
 9:    ui->labelJudge->clear();          ///< 正解・不正解文字列をクリア
10:
11:    QPixmap pixmap;
12:    if (isRight) {
13:        /// 正解判定なら、○画像と、right(正解)文字列をセット
14:        pixmap.load(":/right.png");
15:        ui->labelJudge->setText(tr("right"));    ///< 動的に翻訳時には、再設定必要
16:    } else {
17:        /// 不正解判定なら、×画像と、wrong(不正解)文字列をセット
```

```cpp
18:     pixmap.load(":/wrong.png");
19:     ui->labelJudge->setText(tr("wrong"));    ///< 動的に翻訳時には、再設定必要
20:   }
21:   /// ○/×画像のQPixmapデータをQGraphicsSceneへセット
22:   graphics_scene_judge->addPixmap(pixmap);
23:   /// 正解・不正解のQWidgetを表示
24:   ui->widgetJudge->setVisible(true);
25: }
```

リスト6.4: 正解/不正解表示処理（Pythonの場合）

```python
 1:     # \brief 正解判定Widgetへの正誤判定描画追加と表示
 2:     # \param[in] is_right True: 正解 / False:不正解
 3:     def setUiJudge(self, is_right):
 4:         # クラスメンバー(is_judge)に判定booleanをセット
 5:         self.is_judge = is_right
 6:         # 正解判定 ○X画像表示用表示用 QGraphicsSceneのsceneデータを全てクリア
 7:         self.graphics_scene_judge.clear()
 8:         # 正解判定文字列のクリア
 9:         self.ui.labelJudge.clear()
10:
11:
12:         if is_right == True:
13:             # 正解 #################################
14:             # リソースファイルの○画像をQPixmapにセット
15:             pixmap = QPixmap(':/right.png')
16:             # "正解" 文字列("Right") をセット
17:             self.ui.labelJudge.setText(self.tr('Right'))
18:         else:
19:             # 不正解 #################################
20:             # リソースファイルのX画像をQPixmapにセット
21:             pixmap = QPixmap(':/wrong.png')
22:             # "不正解" 文字列("Wrong") をセット
23:             self.ui.labelJudge.setText(self.tr('Wrong'))
24:
25:         # リンゴ画像表示用 QGraphicsSceneに、正誤○X画像のQPixmapをセット
26:         self.graphics_scene_judge.addPixmap(pixmap)
27:         # 正解判定Widget表示
28:         self.ui.widgetJudge.setVisible(True)
29:
```

6.1.2　Qt翻訳バイナリファイル（.qm）のインストール

　ここからは、コンボボックスの言語の切り替え処理から、Qt翻訳バイナリファイル（.qm）のインストールまでを見ていきます。コンボボックスは、uiファイルにて設定されており、選択されたindex値を翻訳処理を行なうTranslationクラスのsetTranslation()（Pythonの場合は、set_language()）に渡しています（リスト6.5、リスト6.6）。

リスト6.5: 言語切り替えコンボボックス処理（C++の場合）

```
 1: class Translation : public QObject
 2: {
 3:  Q_OBJECT
 4:  public:
 5:   /*!
 6:    * \brief The Language enum 翻訳対応言語
 7:    */
 8:   enum Language {
 9:     LanguageEnglish = 0,   ///< 英語
10:     LanguageGerman,        ///< ドイツ語
11:     LanguageJapanese,      ///< 日本語
12:     LanguageChinese        ///< 中国語
13:   };
14:   Q_ENUM(Language)
15:
16:   ・・・・
17:
18: /**********************************************************************/
19:
20: /*!
21:  * \brief MainWindow::on_comboBoxLanguage_currentIndexChanged
22:  *          言語切り替えコンボボックスindexの取得
23:  * \param[in] index : コンボボックスindex値
24:  */
25: void MainWindow::on_comboBoxLanguage_currentIndexChanged(int index)
26: {
27:   translation->setTranslation(static_cast<Translation::Language>(index));
28: }
29:
```

リスト6.6: 言語切り替えコンボボックス処理（Pythonの場合）

```
 1:     # \brief 言語切り替えCombBox処理 [slot]
 2:     # \param[in] index : コンボボックスindex値
 3:     def combobox_language_currentIndex_changed(self, index):
```

第6章　動的な言語表示の切り替え　｜　69

```
4:        # CombBoxのインデックスに基づいて翻訳ファイルをインストール
5:        self.translation.set_language(index)
```

　Translation クラスの setTranslation()（Python の場合は、set_language()）では、前章の「3.4 起動時に各環境に応じた多言語化を行う」でおこなった処理と同じように、リソースファイルから、選択された言語と一致する Qt 翻訳バイナリファイル（.qm）を選択して QCoreApplication::installTranslator() にて設定されます。異なる処理としては、すでに設定されている Qt 翻訳バイナリファイル（.qm）をインストールする前に QCoreApplication::removeTranslator() にて、既存のインストールされた Qt 翻訳バイナリファイル（.qm）を取り除く処理を入れています（リスト 6.7、リスト 6.8）。

リスト6.7: Qt翻訳バイナリファイル（.qm）インストール処理（C++の場合）

```
 1: /*! \brief ロケール言語文字列 */
 2: static const char *language_strings[] = {
 3:   "en", ///< 英語
 4:   "de", ///< ドイツ語
 5:   "ja", ///< 日本語
 6:   "zh"  ///< 中国語
 7:     };
 8: ・・・
 9:
10: /*****************************************************************************/
11:
12: /*!
13:  * \brief Translation::setTranslation 翻訳ファイルをインストールする
14:  * \param[in] language : インストールする言語
15:  */
16: void Translation::setTranslation(Translation::Language language)
17: {
18:   mLocale = language_strings[language];
19:
20:   /*!
21:    * リソースファイルの :/i18nディレクトリから
22:    * 登録しているリソースファイルを抽出
23:    * (:/i18n/Section3SampleWidget_*.qm にマッチするファイルを抽出)
24:    */
25:   QDir qm_dir(":/i18n");
26:   QString serch_name = qApp->applicationName() + "_*.qm";
27:   QStringList list_qm_files = qm_dir.entryList(QStringList(serch_name));
28:   foreach(const QString &qm_file, list_qm_files) {
29:     /// Systemロケールと一致するQt翻訳バイナリファイル名との一致確認
30:     if (qm_file.lastIndexOf(mLocale + ".qm") != -1) {
```

```
31:        /// 以前の翻訳ファイルをremove
32:        qApp->removeTranslator(mTranslator);
33:
34:        QString load_file = qm_dir.absolutePath() + QDir::separator() +
qm_file;
35:        /// QTranslatorクラスにQt翻訳バイナリファイルをセット
36:        if (mTranslator->load(load_file)) {
37:          /// 翻訳バイナリファイルをアプリケーションに適用
38:          qApp->installTranslator(mTranslator);
39:        }
40:        break;
41:      }
42:    }
43: }
```

リスト6.8: Qt翻訳バイナリファイル（.qm）インストール処理（Pythonの場合）

```
 1:    # \brief ロケール言語文字列(QMLのCombBoxの並びと同一) * /
 2:    #                     英語  ドイツ語 日本語 中国語
 3:    language_strings = ["en", "de", "ja", "zh"]
 4:
 5: ・・・
 6:
 7:    """
 8:    \brief Translation::set_language 指定された言語の翻訳ファイルをインストール
 9:    \param[in] value : インストールする言語index(Widget / QML側から通知)
10:    """
11:    def set_language(self, value):
12:        self.locale = self.language_strings[value]
13:
14:        """
15:        リソースファイルの :/i18nディレクトリから
16:        登録しているリソースファイルを抽出
17:        (:/i18n/$${TARGET}_${locale}.qm に完全マッチするファイルを抽出)
18:        """
19:        qm_dir = QDir(':/i18n')
20:        app = QApplication.instance()
21:        search_name = app.applicationName() + '_' + self.locale + '.qm'
22:        list_search = []
23:        list_search.append(search_name)
24:        list_qm_files = qm_dir.entryList(list_search)
25:        for qm_file in list_qm_files:
```

```
26:              # 以前の翻訳ファイルをremove
27:              app.removeTranslator(self.translator)
28:
29:              load_file = qm_dir.absolutePath() + QDir.separator() + qm_file
30:              # QTranslatorクラスにQt翻訳バイナリファイルをセット
31:              if self.translator.load(load_file):
32:                  # 翻訳バイナリファイルをアプリケーションに適用
33:                  app.installTranslator(self.translator)
34:                  break
```

6.1.3 QEvent::LanguageChangeイベントの処理

Qt翻訳バイナリファイル（.qm）をインストールするだけでは、再翻訳はされません。QCoreApplication::installTranslator()関数を使用して新しい翻訳がインストールされたときにQEvent::LanguageChangeイベントが通知されます。このイベントは、他のアプリケーションコンポーネントも通知されるので、このイベントを使用して、uiファイルや、コード上で設定した翻訳対象文字列を更新させることができます。
イベントを受け取るには、
＜C++の場合＞　　virtual void QMainWindow::changeEvent(QEvent*)
＜Pythonの場合＞　PySide2.QtWidgets.QWidget.changeEvent(event)
を自身のクラスに再実装し、受け取ることが可能となります。

uiファイルで作成したWidgetは、自動的にUi::retranslateUi()関数が生成されるので、その関数で対応します。コード上でGUIの文字列を変更した場合には、個別で対応をする必要があります。ここでは、MainWindow::setUiJudge()を実行することにより、クイズ 正解/不正解 表示の再翻訳をしています（リスト6.9、リスト6.10）。

リスト6.9: LanguageChange イベントにて再翻訳（C++の場合）

```
 1: /*!
 2:  * \brief MainWindow::changeEvent Widgetイベントの取得
 3:  * \param[in] event : QEventイベントタイプ
 4:  */
 5: void MainWindow::changeEvent(QEvent *event)
 6: {
 7:   /// 翻訳バイナリファイルがインストール
 8:   if (event->type() == QEvent::LanguageChange) {
 9:     /// uiファイルの再翻訳
10:     ui->retranslateUi(this);
11:     if (ui->widgetJudge->isVisible()) {
12:       /// クイズ 正解/不正解 表示の再翻訳
```

72　　第6章　動的な言語表示の切り替え

```
13:        setUiJudge(is_judge);
14:    }
15:   }
16:   QMainWindow::changeEvent(event);
17: }
```

リスト6.10: LanguageChange イベントにて再翻訳（Pythonの場合）

```
 1:    # \brief MainWindow::changeEvent Widgetイベントの取得
 2:    # \param[in] event : QEventイベントタイプ
 3:    def changeEvent(self, event):
 4:        # 翻訳バイナリファイルがインストールされた時に発生するイベント
 5:        if event.type() == QEvent.LanguageChange:
 6:            # GUIパーツ再描画
 7:            self.ui.retranslateUi(self)
 8:            if self.ui.widgetJudge.isVisible():
 9:                # クイズ 正解/不正解 表示の再翻訳
10:                self.setUiJudge(self.is_judge)
11:
12:        super(MainWindow, self).changeEvent(event)
```

6.1.4　Qt for Pythonを使用した際の動的な言語切り替え注意点

Qt Widgets系をQt for Pythonで使用する場合には、

・uiファイルをそのまま使用してQUiLoaderクラスを使用する

・**pyside2-uic (Qt for Python User Interface Compiler)** を使用して、uiファイルをPython
　コードに変化して使用する

このふたつのやり方がありますが、動的な言語時に使用するGUIパーツ再描画処理 " retranslateUi() "
は" pyside2-uic "で出力されたPythonコードにのみで使用できます。

　QUiLoaderクラスを使用してuiファイルを直接読み込む場合には、動的翻訳時にGUIパーツ側の
再描画処理をユーザー側で作成することに注意してください。

　こういったことから、動的な言語切り替えをおこなう場合には、" pyside2-uic "を使用したほう
がよいと思います。

6.2　Qt Quickでの動的な言語表示切り替え

　ここからは、QMLでの動的なGUIの翻訳をみていきましょう。QMLファイルだけでは、動的な
翻訳をおこなう機能を有していません。この為、翻訳ファイルのInstall処理などのC++にて提供さ
れている機能をクラス化しQQmlContext::setContextProperty()にて、QML側に公開して使用する
必要があります。

　動的に翻訳する流れは、次のフローとなっています（図6.5）。

図 6.5: QML における動的翻訳フロー

冒頭に説明した、「サンプルコード」内のコードを使用して動的翻訳の流れをみていきましょう。次の GUI のアプリケーションを使用します。

図 6.6: Qt Quick サンプル画面

このアプリケーションは、QtWidget ソフトと同じ機能を Qt Quick にて実装しています。GUI 中央にある絵を見て、中央の画像と同じ種類のフルーツ名のボタンを押すことにより、"正解"・"不正解" の表示を行なう簡単なアプリとなっています。

図 6.7: Qt Quick サンプル 正解・不正解 画面

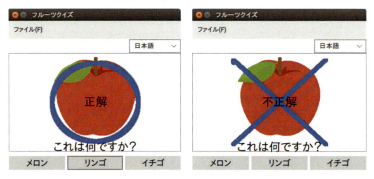

また、右上のコンボボックスの言語切り替えによって、動的に GUI の翻訳をおこないます。

図6.8: Qt Quick サンプル 言語の切り替え

6.2.1　Qt Quick画面の処理について

　GUI下部のボタンは、HomeForm.ui.qmlにて、Qt Quick ControlsのButton QMLタイプにてシグナル/スロットの機能を使用して、Home.qml内に"正解"・"不正解"のView表示function setUiJudge()関数を設定しています。

リスト6.11: ボタンクリックスロットQML処理

```
 1: import QtQuick 2.12
 2: import QtQuick.Controls 2.12
 3:
 4: HomeForm {
 5:     /// 正解・不正解用の判定booleanをプロパティ
 6:     property bool isJudge: false;
 7:
 8:     /// 正解・不正解判定画像・文字列表示
 9:     function setUiJudge(isRight) {
10:         /// 正解・不正解のFrameを表示
11:         _frame_judge.visible = true;
12:         if (isRight) {
13:             /// 正解判定なら、○画像と、right(正解)文字列をセット
14:             _image_judge.source = "qrc:/right.png"
15:             _label_judge.text = qsTr("Right");
16:         } else {
17:             /// 不正解判定なら、×画像と、wrong(不正解)文字列をセット
18:             _image_judge.source = "qrc:/wrong.png"
19:             _label_judge.text = qsTr("Wrong");
20:         }
21:         isJudge = isRight;
22:     }
```

```
23:
24:    /// それぞれのボタンクリックイベントスロット処理
25:    _button_strawberry.onClicked: setUiJudge(false);  ///< 不正解表示
26:    _button_apple.onClicked:      setUiJudge(true);   ///< 正解表示
27:    _button_melon.onClicked:      setUiJudge(false);  ///< 不正解表示
28: }
```

　このようにQMLの場合でもロジック部にて文字列を設定した場合、動的な翻訳時には翻訳対象文字列を再度設定する必要ができてきます。

サンプルコードでは、property bool isJudge をプロパティとして正解・不正解の判定を設定、外部のQMLから読み取る仕組みにし、function setUiJudge()を実行できる仕組みにしています。

6.2.2　Qt 翻訳バイナリファイル（.qm）のインストール

　Qt Widget版の「6.1.2 Qt 翻訳バイナリファイル（.qm ）のインストール」と同じようなクラスを作成してQMLと連携していきます。

　C++ ではQ_PROPERTY マクロをクラス側に使用することにより、Python ではProperty()を使用することにより、QML側でプロパティとして扱えるようにします。サンプルコードの例では、int型のlanguageというプロパティをもつ Translation クラスとなっています。

getter として language() メソッド。setter として setLanguage() （Python では" set_language() "）。変更通知のSIGNALとして、languageChanged() としています（リスト6.12、リスト6.13）。

リスト6.12: QML ファイルに対してのプロパティ公開設定（C++の場合）

```
1: class Translation : public QObject
2: {
3:   Q_OBJECT
4:   /// QML側へのプロパティ設定
5:   Q_PROPERTY(int language READ language WRITE setLanguage NOTIFY
languageChanged)
6:   public:
7:   ・・・
```

リスト6.13: QML ファイルに対してのプロパティ公開設定（Python の場合）

```
1: from PySide2.QtCore import QObject, QTranslator, QLocale, QDir, Signal,
Property
2: ・・・
3: class Translation(QObject):
4:     # 値が設定された時の状態をQML側に伝えるシグナルインスタンス
5:     languageChanged = Signal(int)
6: ・・・
7:     """
```

```
 8:     \brief Translation::language 現在のロケールの言語のindex取得
 9:     \return int型の Translation::Language値
10:     """
11:     def language(self):
12:         ・・・
13:         return language_num
14:     """
15:     \brief Translation::set_language 指定された言語の翻訳ファイルをインストール
16:     \param[in] value : インストールする言語index(Widget / QML側から通知)
17:     """
18:     def set_language(self, value):
19:         ・・・
20:         self.languageChanged.emit(value)
21:
22:     # QML側へのプロパティ設定
23:     language = Property(int, language, set_language, languageChanged)
```

さらに、QML側にTranslationクラスをQQmlContext::setContextProperty()経由でQML側で使用できるように、main.cpp/.pyにも設定しています（リスト6.14、リスト6.15）。

リスト6.14: QMLファイルへTranslationクラスを公開する（C++の場合）

```
 1: #include <QGuiApplication>
 2: #include <QTranslator>
 3: #include <QLocale>
 4: #include <QDir>
 5: #include <QQmlApplicationEngine>
 6: #include <QQmlContext>
 7:
 8: #include <translation.h>
 9:
10: int main(int argc, char *argv[])
11: {
12:   QCoreApplication::setAttribute(Qt::AA_EnableHighDpiScaling);
13:
14:   QGuiApplication app(argc, argv);
15:   QQmlApplicationEngine engine;
16:
17:   /// 動的翻訳処理クラスの生成
18:   Translation translation(&engine);
19:   /// translationクラス変数を、QMLへ"Translation"として公開する
20:   engine.rootContext()->setContextProperty("Translation", &translation);
```

```
21:    engine.load(QUrl(QStringLiteral("qrc:/ui/main.qml")));
22:    if (engine.rootObjects().isEmpty())
23:      return -1;
24:
25:    return app.exec();
26: }
```

リスト6.15: QMLファイルへTranslationクラスを公開する（Pythonの場合）

```
 1: import sys
 2: import qml_rc
 3: from PySide2.QtWidgets import QApplication
 4: from PySide2.QtQml import QQmlApplicationEngine
 5: from PySide2.QtCore import QUrl
 6: from Translation import Translation
 7:
 8:
 9: def main():
10:     app = QApplication([])
11:     app.setApplicationName('Chapter6PythonQtQuickSample')
12:
13:     engine = QQmlApplicationEngine()
14:
15:     # QML経由でアクセスするtranslationクラスのインスタンスを生成する
16:     translation = Translation(engine)
17:     # Translation クラスを QML の countDown としてバインディングする
18:     engine.rootContext().setContextProperty("Translation", translation)
19:
20:     url = QUrl('qrc:/ui/main.qml')
21:     engine.load(url)
22:     if not engine.rootObjects():
23:         sys.exit(-1)
24:
25:     ret = app.exec_()
26:     sys.exit(ret)
27:
28:
29: if __name__ == '__main__':
30:     main()
```

　ここまでの設定をおこなうことにより、QML側でC++のコードを使用した動的な翻訳切り替え
を行うことができます。

第6章　動的な言語表示の切り替え

コンボボックスの言語の切り替え処理から、Qt翻訳バイナリファイル（.qm）のインストールまでを見ていきましょう。

コンボボックスは、HomeForm.ui.qmlにて実装されていますが、

```
property alias _comboBox_language: _comboBox_language
```

として、エイリアスを設定しています。これによりApplicationWindow QMLタイプを有するmain.qmlにてスロットを受けることができるようになっています。

　コンボボックスの選択されたindex値を翻訳処理を行なう、C++側のsetLanguage() / Python側のset_language()　に渡しています（リスト6.16）。

リスト6.16: 言語切り替えコンボボックス処理

```
 1: import QtQuick 2.12
 2: import QtQuick.Controls 2.12
 3:
 4: ApplicationWindow {
 5:   id: _window
 6:
 7:   visible: true
 8:   ・・・
 9:
10:   title: qsTr("Fruits Quiz")
11:
12:   menuBar: MenuBar {
13:     ・・・
14:   }
15:
16:   /// Quiz Home画面
17:   Home {
18:     /// 言語変更 Combobox QMLタイプからのインデックス変更スロット
19:     _comboBox_language.onCurrentIndexChanged: {
20:
21:       /// C++ / PythonのTranslationクラスの公開プロパティに設定
22:       Translation.language = _combbox_language.currentIndex;
23:
24:       if (_frame_judge.visible === true) {
25:         /// QML側のロジック部の文字列を再設定
26:         setUiJudge(isJudge);
27:       }
28:     }
29:   }
```

第6章　動的な言語表示の切り替え　｜　79

```
30:
31: }
```

TranslationクラスのsetLanguage()では、前章の「3.4 起動時に各環境に応じた多言語化を行う」
でおこなった処理と同じように、リソースファイルから、選択された言語と一致するQt翻訳バイ
ナリファイル（.qm）を選択してQCoreApplication::installTranslator()にて設定されます。異なる
処理としては、すでに設定されているQt翻訳バイナリファイル（.qm）をインストールする前に
QCoreApplication::removeTranslator()にて、既存のインストールされたQt翻訳バイナリファイル
（.qm）を取り除く処理を入れています（リスト6.17、リスト6.18）。

リスト6.17: Qt翻訳バイナリファイル（.qm）インストール処理（C++の場合）

```
 1: /*! \brief ロケール言語文字列 */
 2: static const char *language_strings[] = {
 3:   "en", ///< 英語
 4: ・・・
 5:   "zh"   ///< 中国語
 6:     };
 7:
 8: ・・・
 9:
10: /*!
11:  * \brief Translation::setLanguage 指定された言語の翻訳ファイルをインストールする
12:  * \param[in] value : インストールする言語index(QML側から通知)
13:  */
14: void Translation::setLanguage(int value)
15: {
16:   mLocale = language_strings[value];
17:   /*!
18:    * リソースファイルの :/i18nディレクトリから
19:    * 登録しているリソースファイルを抽出
20:    * (:/i18n/Section3SampleWidget_*.qm にマッチするファイルを抽出)
21:    */
22:   QDir qm_dir(":/i18n");
23:   QString serch_name = qApp->applicationName() + "_*.qm";
24:   QStringList list_qm_files = qm_dir.entryList(QStringList(serch_name));
25:   foreach(const QString &qm_file, list_qm_files) {
26:     /// Systemロケールと一致するQt翻訳バイナリファイル名との一致確認
27:     if (qm_file.lastIndexOf(mLocale + ".qm") != -1) {
28:       /// 以前の翻訳ファイルをremove
29:       qApp->removeTranslator(mTranslator);
30:
```

80　第6章　動的な言語表示の切り替え

```
31:        QString load_file = qm_dir.absolutePath() + QDir::separator() +
qm_file;
32:        /// QTranslatorクラスにQt翻訳バイナリファイルをセット
33:        if (mTranslator->load(load_file)) {
34:          /// 翻訳バイナリファイルをアプリケーションに適用
35:          qApp->installTranslator(mTranslator);
36:          /// QML側のui関連を再描画
37:          mQmlEngine->retranslate();
38:        }
39:        /// QMLへ通知するために、言語変更シグナルを発行
40:        emit languageChanged();
41:        break;
42:      }
43:    }
44: }
```

リスト6.18: Qt翻訳バイナリファイル（.qm）インストール処理（Pythonの場合）

```
 1:    # \brief ロケール言語文字列(QMLのCombBoxの並びと同一) * /
 2:    #                      英語    ドイツ語 日本語 中国語
 3:    language_strings = ["en", "de", "ja", "zh"]
 4:
 5: ・・・
 6:
 7:    """
 8:    \brief Translation::set_language 指定された言語の翻訳ファイルをインストール
 9:    \param[in] value : インストールする言語index(Widget / QML側から通知)
10:    """
11:    def set_language(self, value):
12:        self.locale = self.language_strings[value]
13:
14:        """
15:        リソースファイルの :/i18nディレクトリから
16:        登録しているリソースファイルを抽出
17:        (:/i18n/$${TARGET}_*.qm にマッチするファイルを抽出)
18:        """
19:        qm_dir = QDir(':/i18n')
20:        app = QApplication.instance()
21:        search_name = app.applicationName() + '_' + self.locale + '.qm'
22:        list_search = []
23:        list_search.append(search_name)
24:        list_qm_files = qm_dir.entryList(list_search)
```

第6章　動的な言語表示の切り替え　81

```
25:        for qm_file in list_qm_files:
26:            # 以前の翻訳ファイルをremove
27:            app.removeTranslator(self.translator)
28:
29:            load_file = qm_dir.absolutePath() + QDir.separator() + qm_file
30:            # QTranslatorクラスにQt翻訳バイナリファイルをセット
31:            if self.translator.load(load_file):
32:                # 翻訳バイナリファイルをアプリケーションに適用
33:                app.installTranslator(self.translator)
34:                break
```

6.2.3 再翻訳の処理

　前項で処理をした、QCoreApplication::installTranslator()で翻訳ファイルを追加後、QQmlEngine::retranslate()を呼び出すことにより、翻訳を使用しているすべてのバインディングの最新表示することができます。これにより、QML側のユーザーインターフェイスは動的に新しく選択された言語に切り替わります。

　注意点として、QQmlEngine::retranslate()はQt5.10から採用された関数となっていますが正常に再翻訳できるようになったのは、Qt5.12からとなります。
・Qt5.10/5.11では、正常に動作しない。
・Qt5.9以前では、関数自体が存在しない。
という、非常に制限をもった関数です。またマニュアルにも注記がありますが、実装上の制限により、翻訳対象としてマークされた文字列を使用するものだけでなく、すべてのバインディングを更新してしまうことも注意点として覚えておきましょう。

第7章　翻訳ファイルの自動生成と翻訳対象文字列リテラルの自動補完機能

||||||||||||||||||||||||||||||||||||||||||||||||||||||||||||||||||||||||||||||||||||||||||||||||||||||||||

本章では、lupdate / lrelease などの翻訳に必要な Tool を、ビルド時に自動実行させるやり方と、統合開発環境 Qt Creator からの翻訳対象文字列をコード補間できる機能について説明していきます。Qt for Python では使用できませんが、C++/QML では有効な機能となっています。

||||||||||||||||||||||||||||||||||||||||||||||||||||||||||||||||||||||||||||||||||||||||||||||||||||||||||

7.1　lrelease 自動実行

7.1.1　Qt翻訳バイナリファイル（.qm）のビルド時の自動生成

　Qt Creator 上からメニューバーの「ツール（T）」経由でlrelease を呼び出すことは可能ですが、この作業を、開発時に毎回実施することは手間がかかる作業だと思います。

　設定をプロジェクトに追加してビルド時に自動で生成されるようにしてみましょう。

本対応をおこなうには、Qt プロジェクトファイルに次の変数を設定する必要があります（表7.1）。

表 7.1: lrelease 自動実行の設定

設定	説明
CONFIG += lrelease	TRANSLATIONS および EXTRA_TRANSLATIONS に設定されている全ての翻訳ファイル（拡張子.ts）に対して lrelease の実行を行います。
LRELEASE_DIR = $$PWD/i18n	Qt 翻訳バイナリファイル（.qm）の出力先の指定。指定しない場合は、build ディレクトリの直下の".qm"ディレクトリに出力されます。

　本設定は、翻訳(.ts)ファイルのリストを指定する"TRANSLATIONS"、"EXTRA_TRANSLATIONS"のどちらでも対応可能です。

慣習的に、プロジェクトファイル直下の"i18n"ディレクトリに

・翻訳ファイル（拡張子.ts)

・Qt 翻訳バイナリファイル（.qm)

を置くようになっています。次の説明は"i18n"ディレクトリに配置することを前提にしています。

リスト 7.1: Qt Project での lrelease 自動実行の設定

```
1: # lreleaseの自動実行
2: CONFIG += lrelease
3: # Qt翻訳バイナリファイル（.qm）の出力先の指定
4: LRELEASE_DIR = $$PWD/i18n
```

```
 5:    ・・・
 6:  # 翻訳対象ファイル
 7:  TRANSLATIONS = \
 8:      $${QM_FILES_INSTALL_PATH}/$${TARGET}_en.ts \
 9:      ・・・・
10:      $${QM_FILES_INSTALL_PATH}/$${TARGET}_ja.ts
```

7.1.2　Qt翻訳バイナリファイル（.qm）をのビルド時に実行ファイルに含める

今まで説明してきた内容では、Qt翻訳バイナリファイル（.qm）を実行ファイルに含めるには、
・プロジェクトファイルに、リソースファイルを追加。
・リソースファイルへ、Qt翻訳バイナリファイル（.qm）を追加。
を手動でおこなう必要がありました。

実行ファイルに含めることが必須であるプロジェクトの場合には、ビルド時に自動で翻訳用のリ
ソースファイルの作成、ならびにQt翻訳バイナリファイル（.qm）をリソースファイルに追加し、実
行ファイルに含めて生成することが可能です。

本対応をおこなうには、Qtプロジェクトファイルに次の変数を設定する必要があります（表7.2）。

表7.2: 実行ファイルにQt翻訳バイナリファイル（.qm）を含めてビルド

設定	説明
CONFIG += lrelease embed_translations	TRANSLATIONSおよびEXTRA_TRANSLATIONSに設定されている全ての翻訳ファイル（拡張子.ts）に対してlreleaseの実行を行い、ビルドディレクトリ内のリソースファイルに追加します。
QM_FILES_RESOURCE_PREFIX	リソースファイルにQt翻訳バイナリファイル（.qm）を含めた時のプレフィックス設定です。指定がなければ、":/i18n"のフレフィックスになります。

本設定も、翻訳（.ts）ファイルのリストを指定する"TRANSLATIONS"、"EXTRA_TRANSLATIONS"
のどちらでも対応可能です。

リスト7.2: 実行ファイルにQt翻訳バイナリファイル（.qm）を含める設定

```
 1:  # lreleaseの自動実行
 2:  CONFIG += lrelease embed_translations
 3:  # 自動生成されるリソースファイル
 4:  #  (qmake_qmake_qm_files.qrc) へ付与するプレフィックス
 5:  QM_FILES_RESOURCE_PREFIX = i18n
 6:  ・・・
 7:  # 翻訳対象ファイル（これは含める必要があります）
 8:  TRANSLATIONS = \
 9:      $${QM_FILES_INSTALL_PATH}/$${TARGET}_en.ts \
10:      ・・・・
```

```
11:    $${QM_FILES_INSTALL_PATH}/$${TARGET}_ja.ts
```

7.2　lupdateの自動実行

lreleaseの場合は、Qmakeの設定として"lrelease.prf"が用意されていましたので簡単な設定で対応が可能でしたが、lupdateは機能として自動化の設定は提供されていません。qmakeの機能である、カスタマイズターゲットによって対応します。

本設定も、翻訳(.ts)ファイルのリストを指定する"TRANSLATIONS"、"EXTRA_TRANSLATIONS"のどちらでも対応可能になるようにしています。次の設定をQtプロジェクトファイルに追加をしてください。

また本設定は、前述した「7.1 lrelease 自動実行」とあわせて使用可能となっています。

リスト7.3: Qt Project での lupdate 自動実行の設定

```
 1: ・・・
 2: # 翻訳対象ファイル（これは含める必要があります）
 3: TRANSLATIONS = \
 4:     $${QM_FILES_INSTALL_PATH}/$${TARGET}_en.ts \
 5:     ・・・
 6:     $${QM_FILES_INSTALL_PATH}/$${TARGET}_ja.ts
 7: ・・・
 8: # lupdateの実行フルパスをLUPDATEに取得
 9: qtPrepareTool(LUPDATE, lupdate)
10: lupdate.name = lupdate
11: lupdate.input = TRANSLATIONS EXTRA_TRANSLATIONS
12: lupdate.output = $$PWD/${QMAKE_FILE_IN_BASE}_ts
13: lupdate.commands = $$LUPDATE $$PWD/*.pro
14: # リンク先のオブジェクトのリストに出力を追加せず、cleanコマンドも追加しない
15: lupdate.CONFIG = no_link no_clean
16: QMAKE_EXTRA_COMPILERS += lupdate
17: # target_predepsへbuild stepを追加
18: lupdate.CONFIG += target_predeps no_clean
```

7.3　Qt翻訳対象文字列の修飾

QtCreatorには、特定の対象にカーソルがある場合に有効となるリファクタリング機能である、リファクタリングアクションが搭載されています。使い方は、対象にカーソルを合わせ"Alt + Enter"によって使用可能です。文字列リテラルに対して行うと、翻訳対応の文字列修飾を容易におこなうことができます。文字列装飾の機能は次のとおりです。

第7章　翻訳ファイルの自動生成と翻訳対象文字列リテラルの自動補完機能　85

表 7.3: リファクタリングアクション 翻訳対応の文字列修飾

種別	修飾文字列
QObject を継承しているクラスメンバ内の場合	tr("String");
上記以外の関数の場合	QCoreApplication::translate("GLOBAL", "String");
配列等 関数外の場合	QT_TRANSLATE_NOOP("", "String")

図 7.1: QtCreator 上でのリファクタリング機能 アクション内容

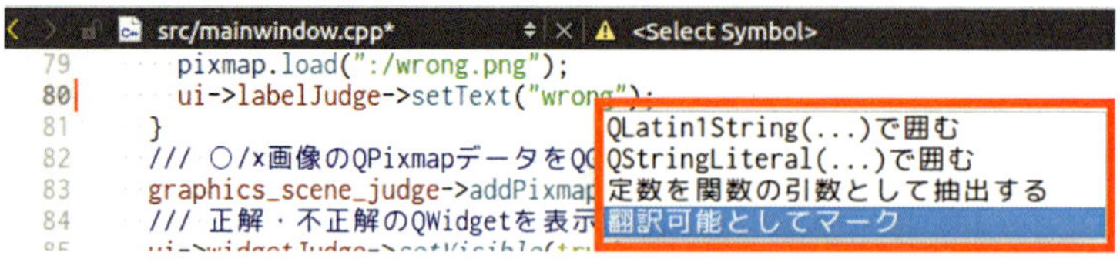

86 | 第7章 翻訳ファイルの自動生成と翻訳対象文字列リテラルの自動補完機能

著者紹介

浅野 一雄 （あさの かずお）

普段は、組み込み機器の開発をしながら組み込まれまくっている名古屋近辺で働くサラリーマンエンジニア。Qt Champions 2018のひとり。個人的な活動の中に、日本Qtユーザー会名古屋勉強会の主催をしており月一ベースでもくもく会を企画している。https://qt-users.connpass.com/ で募集しているので是非参加してください。

◎本書スタッフ
アートディレクター/装丁：岡田章志＋GY
編集協力：飯嶋玲子
デジタル編集：栗原 翔

〈表紙イラスト〉
亀井芽衣（かめい めい）
会社員兼イラストレーター。同人の表紙絵やゲーム立ち絵等描いています。ごはんおいしい。Twitter: @ka_mayx2

技術の泉シリーズ・刊行によせて
技術者の知見のアウトプットである技術同人誌は、急速に認知度を高めています。インプレスR&Dは国内最大級の即売会「技術書典」（https://techbookfest.org/）で頒布された技術同人誌を底本とした商業書籍を2016年より刊行し、これらを中心とした『技術書典シリーズ』を展開してきました。2019年4月、より幅広い技術同人誌を対象とし、最新の知見を発信するために『技術の泉シリーズ』へリニューアルしました。今後は「技術書典」をはじめとした各種即売会や、勉強会・LT会などで頒布された技術同人誌を底本とした商業書籍を刊行し、技術同人誌の普及と発展に貢献することを目指します。エンジニアの"知の結晶"である技術同人誌の世界に、より多くの方が触れていただくきっかけになれば幸いです。

株式会社インプレスR&D
技術の泉シリーズ　編集長　山城 敬

●お断り
掲載したURLは2019年7月1日現在のものです。サイトの都合で変更されることがあります。また、電子版ではURLにハイパーリンクを設定していますが、端末やビューアー、リンク先のファイルタイプによっては表示されないことがあります。あらかじめご了承ください。
●本書の内容についてのお問い合わせ先
株式会社インプレスR&D　メール窓口
np-info@impress.co.jp
件名に「『本書名』問い合わせ係」と明記してお送りください。
電話やFAX、郵便でのご質問にはお答えできません。返信までには、しばらくお時間をいただく場合があります。
なお、本書の範囲を超えるご質問にはお答えしかねますので、あらかじめご了承ください。
また、本書の内容についてはNextPublishingオフィシャルWebサイトにて情報を公開しております。
https://nextpublishing.jp/

●落丁・乱丁本はお手数ですが、インプレスカスタマーセンターまでお送りください。送料弊社負担 てお取り替えさせていただきます。但し、古書店で購入されたものについてはお取り替えできません。
■読者の窓口
インプレスカスタマーセンター
〒101-0051
東京都千代田区神田神保町一丁目105番地
TEL 03-6837-5016／FAX 03-6837-5023
info@impress.co.jp
■書店／販売店のご注文窓口
株式会社インプレス受注センター
TEL 048-449-8040／FAX 048-449-8041

技術の泉シリーズ

簡単！多言語対応アプリをつくろう―はじめてのQt

2019年12月20日　初版発行Ver.1.0（PDF版）

著　者　浅野 一雄
編集人　山城 敬
発行人　井芹 昌信
発　行　株式会社インプレスR&D
　　　　〒101-0051
　　　　東京都千代田区神田神保町一丁目105番地
　　　　https://nextpublishing.jp/
発　売　株式会社インプレス
　　　　〒101-0051　東京都千代田区神田神保町一丁目105番地

●本書は著作権法上の保護を受けています。本書の一部あるいは全部について株式会社インプレスR&Dから文書による許諾を得ずに、いかなる方法においても無断で複写、複製することは禁じられています。

©2019 Kazuo Asano. All rights reserved.
印刷・製本　京葉流通倉庫株式会社
Printed in Japan

ISBN978-4-8443-7804-4

NextPublishing®

●本書はNextPublishingメソッドによって発行されています。
NextPublishingメソッドは株式会社インプレスR&Dが開発した、電子書籍と印刷書籍を同時発行できるデジタルファースト型の新出版方式です。https://nextpublishing.jp/